フォークリフト運転士テキスト

技能講習・特別教育用テキスト

中央労働災害防止協会

序

　物流システムの合理化，運輸・倉庫部門の近代化，荷役運搬作業の省力化などの進展に伴い，フォークリフトの普及にはめざましいものがあり，国内ではおよそ70万台のフォークリフトが使用されているものと推計されています。

　フォークリフトの広範な普及は，重量物などの運搬作業を効率化し，人力による運搬に伴う労働災害の防止に貢献していますが，その一方で，フォークリフトの構造上の特性に基づく危険性や誤った運転操作等による労働災害が発生しています。

　すなわち，最大荷重を超える荷の積載や急旋回等による車体の転倒，構造上の視野の限界等による歩行者等との接触，不安全な荷の積み方や未熟な運転操作等による積み荷の落下等で依然として災害が多発しています。

　労働安全衛生法令は，フォークリフトによる災害を防止するために，フォークリフトの構造規格を定め，さらに，最大荷重が1トン以上のフォークリフトの運転の業務には，フォークリフト運転技能講習を修了した者でなければ業務に就かせてはならないことを規定しており，また1トン未満のフォークリフトの運転の業務に就こうとする者に対しては，特別教育を行わなければならないと規定しています。

　本書は，教習機関の行うフォークリフト運転技能講習，また特別教育のためのテキストとして昭和53年に編纂され，その後の法令改正やJIS改正はもとより，最新の技術，知見等に基づく内容の見直しを行うなど，数度にわたる改訂を行い，多数の方々に使用されてきました。

　平成23年3月には，カタカナの技術用語の表記について，従来はJIS等の表記法にならって長音符号を省略していましたが，広く一般の受講者にも配慮して,「外来語の表記」（平成3年内閣告示第2号）に基づく長音符号を付ける表記法に改めるとともに，B5判への誌面の大判化を図り，カラー印刷を採用するなど，読みやすさを高めるための大幅な見直しを行いました。

　このたび，各種統計を最新のものに更新したほか，JISの改正に対応すること，内容の一層の充実を図るなどして，改訂版といたしました。

今回も，一般社団法人日本産業車両協会，陸上貨物運送事業労働災害防止協会，公益社団法人建設荷役車両安全技術協会のほか，株式会社豊田自動織機，コマツなどのフォークリフト関係企業から多大なご協力をいただきました。心より御礼を申し上げます。

　本書が，技能講習や特別教育のテキストとしてのみならず，関係者に広く活用され，フォークリフトを用いた荷役運搬作業の安全の徹底と，労働災害の防止にお役に立てれば幸いです。

　令和2年2月

中央労働災害防止協会

「フォークリフト運転士テキスト」改訂編集委員会
編集委員

フォークリフト運転技能講習科目

最大荷重が1トン以上のフォークリフト運転技能講習科目

	講習科目	範囲	講習時間
学科	走行に関する装置の構造及び取扱いの方法に関する知識	フォークリフトの原動機，動力伝達装置，走行装置，かじ取り装置及び制動装置並びに方向指示器，警報装置その他のフォークリフトの走行に関する附属装置の構造及び取扱いの方法	4時間
	荷役に関する装置の構造及び取扱いの方法に関する知識	フォークリフトの荷役装置，油圧装置（安全弁を含む。），ヘッドガード及びバックレスト並びにラム，バケットその他のフォークリフトの荷役に関する附属装置の構造及び取扱いの方法	4時間
	運転に必要な力学に関する知識	力（合成，分解，つり合い及びモーメント）　重量　重心及び物の安定　速度及び加速度　荷重　応力　材料の強さ	2時間
	関係法令	労働安全衛生法，労働安全衛生法施行令（昭和47年政令第318号）及び労働安全衛生規制中の関係条項	1時間
実技	走行の操作	基本操作　定められたコースによる基本走行及び応用走行	20時間
	荷役の操作	基本操作　フォークの抜き差し　荷の配列及び積重ね	4時間

最大荷重が1トン未満のフォークリフトの運転の業務に係る特別教育

	科目	範囲	時間
学科	フォークリフトの走行に関する装置の構造及び取扱いの方法に関する知識	フォークリフトの原動機，動力伝達装置，走行装置，かじ取り装置，制動装置及び走行に関する附属装置の構造並びにこれらの取扱い方法	2時間
	フォークリフトの荷役に関する装置の構造及び取扱いの方法に関する知識	フォークリフトの荷役装置，油圧装置（安全弁を含む。），ヘッドガード，バックレスト及び荷役に関する附属装置の構造並びにこれらの取扱い方法	2時間
	フォークリフトの運転に必要な力学に関する知識	力（合成，分解，つり合い及びモーメント）　重量　重心及び物の安定　速度及び加速度　荷重　応力　材料の強さ	1時間
	関係法令	労働安全衛生法，労働安全衛生法施行令及び労働安全衛生規則中の関係条項	1時間
実技	フォークリフトの走行の基本	基本走行及び応用走行	4時間
	フォークリフトの荷役の操作	基本操作　フォークの抜き差し　荷の配列及び積重ね	2時間

目 次

第 **5** 編　**関 係 法 令**

◆目 次

参 考 資 料

表紙デザイン：㈱タクトデザイン事務所
本文デザイン：㈲新日本編集企画
本文イラスト：嘉戸亨二

第1編

総　則

第1章　フォークリフトの利用等の状況と災害発生の状況

> **この章のまとめ**
>
> 　この章では，フォークリフトの利用状況や，フォークリフト技能講習，フォークリフトに係る労働災害発生状況を，統計データ等から学ぶ。

1．フォークリフトの利用等の状況

　フォークリフトは，工場や倉庫といった構内において，荷物の積おろし，搬送等に用いられる，汎用性の高い動力付き荷役運搬車両である。日本では戦後 70 年以上にわたり，運輸業や倉庫業，製造業等を中心に幅広く利用されてきた。現在，国内のフォークリフト稼働台数は，平成 30 年度で約 78 万台[注]と推計される（**図 1-1**）。

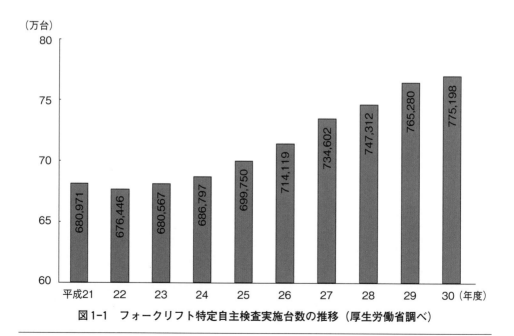

（万台）

年度	台数
平成21	680,971
22	676,446
23	680,567
24	686,797
25	699,750
26	714,119
27	734,602
28	747,312
29	765,280
30	775,198

図 1-1　フォークリフト特定自主検査実施台数の推移（厚生労働省調べ）

注）　労働安全衛生法で毎年実施が義務付けられているフォークリフトの特定自主検査（法定年次検査）実施台数より推計。

2．フォークリフト技能講習修了者等の推移

　労働安全衛生法では，最大荷重1t以上のフォークリフトの運転業務を行うためには，フォークリフト運転技能講習を修了しなければならず，また1t未満のフォークリフトの運転業務を行うためには，特別教育を受けなければならないと規定している[注]。

　このうちフォークリフト運転技能講習については，年間約23万人が受講している（**図1-2**）。

　なお，フォークリフトを公道で運転するためには，当該フォークリフトの大きさ等に対応した特殊自動車運転免許が必要である。意識障害などで，自動車の運転免許の取消しや効力の停止を受けた場合で，その自覚症状があるときは，医師に相談の上，構内であってもフォークリフトの運転の自粛などを検討すること。

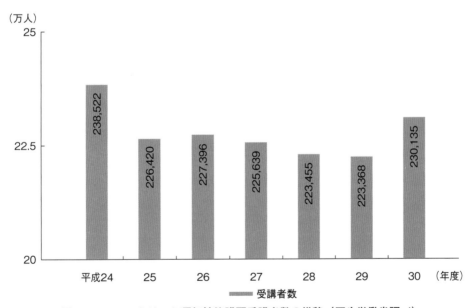

図1-2　フォークリフト運転技能講習受講者数の推移（厚生労働省調べ）

注）　なお，フォークリフトの運転資格を有する者であっても，ストラドルキャリヤーは運転できない。ストラドルキャリヤーの運転者に対する安全教育は法定ではないが，特別教育に準じた教育として「ストラドルキャリヤー運転業務安全教育実施要綱」（昭和61年12月22日基発第683号「ストラドルキャリヤーの運転者に対する教育について」参照）が定められている。

3．フォークリフトに係る労働災害発生状況

　フォークリフト使用中に発生した労働災害による死亡者は，平成28年～30年では年間約30人近い死亡者が発生している（**図1-3**）。

　原因として最も多いものは「墜落・転落」によるもので，過去5年間（平成26年～30年）の平均では年間7.2人，構成比では全体の約27%となっている。

　次いで「はさまれ・巻き込まれ」と「激突され」がそれぞれ約21%，約20%で，これら3つの原因によるもので，全体の約7割に達している。

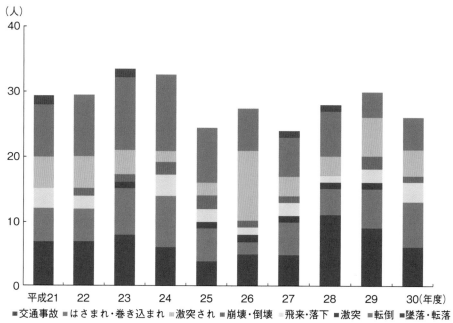

図1-3　フォークリフトによる労働災害死亡者数の推移（厚生労働省調べ）

第2章 フォークリフトの概要

この章のまとめ

　この章では，作業に適したフォークリフトを使用するために，フォークリフトの定義や種類ごとの特徴，主要諸元とその寸法について学ぶ。

1. フォークリフトの定義および特徴

　フォークリフトは，荷を積載するフォーク，ラムなどの装置およびこれを上下させるマストを備えた動力付き荷役運搬車両であり，構内のさまざまな場所で荷役運搬作業を行うことができる。

　フォークリフトの特徴と，使用する上での留意点は，次のとおりである。

① 　フォークリフトは，パレットに積まれた荷物のみならず，アタッチメントを装着することで，多様な荷姿の荷物の荷役運搬を行うことができる。また小型から大型までの幅広い機種構成があり，荷物の荷重や作業環境に応じた最適な機種を選ぶことができる。

② 　ハンドル切れ角度が大きく，車体が小型化されているので小回りが利く。基本的に後輪操舵である。なお，積荷を必要以上に高くしたり，フォークの先端近くに積んで急旋回等を行うと，横転するおそれがある。

③ 　マストやフォーク等の荷役装置が前方に装着されているので前方の視界が制限される。

④ 　公道では，荷物を積載したまま走行したり，荷役運搬作業を行うことはできない[注]。また，公道を荷物を積載しないで移動等のために走行する場合，特殊自動車として，道路運送車両法の保安基準に適合したものでなければならない。

注）フォークリフトには，運輸省（現国土交通省）通達（昭和30年6月20日自車第331号）により，最大積載量が定められていないので，道路および一般交通の用に供する場所では，荷物を積載しての走行はできない。

5

図1-4 カウンターバランスフォークリフト

図1-5 リーチフォークリフト

図1-6 オーダーピッキングフォーク
リフト

2. フォークリフトの種類

　フォークリフトは，(1)構造・機能，(2)動力 (使用燃料)，(3)車輪タイプ，(4)操縦方式等により分類される。

(1) 構造・機能による分類

次の①～⑤などに分けられる。

① カウンターバランスフォークリフト
　フォークおよびこれを上下させるマストを車体前方に備え，車体後方にカウンターウエイトを設けたフォークリフト (図1-4)。最も一般的で普及している。

② リーチフォークリフト
　マストまたはフォークが前後に移動できるフォークリフト (図1-5)。車体サイズをコンパクトにできる (最小旋回半径が小さく小回りが利く) ことから広さが限られる倉庫などで多く使われる。運転席は立席式が多いが，一部で座席式のものもある。

③ オーダーピッキングフォークリフト
　荷役装置とともに動く運転台に位置する運転者によって操縦されるフォークリフト (図1-6)。棚に置かれた品物のピ

図1-7 サイドフォークリフト

ッキング作業に使用される。

④ サイドフォークリフト

フォークおよびこれを上下させるマストを車体側方に備えたフォークリフト（**図1-7**）。鋼管，パイプ，木材などの長尺物の荷役運搬作業に使用される。

⑤ ウォーキーフォークリフト

運転者が歩きながら操縦するフォー

図1-8 ウォーキーフォークリフト

クリフト（**図1-8**）。比較的軽量な品物の荷役作業や，運搬距離が短いところで使用される。

(2) 動力による分類

次の①〜②などに分けられる[注]。

① エンジン式フォークリフト（使用燃料により，さらに細分される。**図1-9**）。

・ガソリン式

・LPG式（液化石油ガス）

・CNG式（圧縮天然ガス）

・ディーゼル式

図1-9 エンジン式フォークリフト

注） なお，水素を燃料とする「燃料電池式フォークリフト」も平成28年度から導入が開始されている。

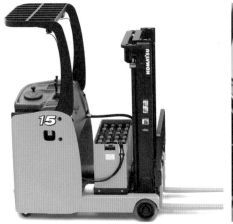

図 1-10　電気式フォークリフト(1)

図 1-11　電気式フォークリフト(2)

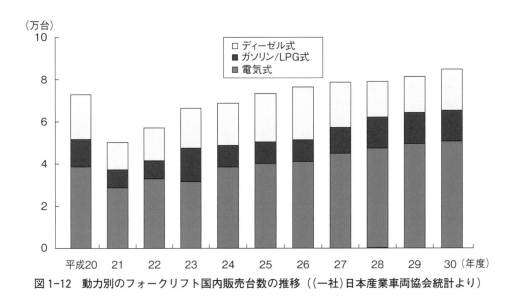

図 1-12　動力別のフォークリフト国内販売台数の推移（(一社)日本産業車両協会統計より）

②　電気式フォークリフト[注]（図 1-10, 図 1-11）

　　最近は，環境負荷低減意識の高まりから，電気式フォークリフトの割合が増えており，平成 20 年度からは半数を超え，平成 28 年度以降は 6 割に達している（図 1-12）。

　また，エンジン式にあっては，平成 15 年 10 月に公道走行するディーゼル式フォークリフトに対する排出ガス規制が導入され，その後平成 18 年 10 月からは構内作業用も対象に加え，ガソリン/LPG 式フォークリフトに対する規制も導入された。

注）「蓄電池式フォークリフト」「バッテリー式フォークリフト」といった呼び方もあるが，本テキストでは「電気式フォークリフト」と統一して記述する。

表 1-1　エンジン式と電気式フォークリフトの長所と短所

	長所	短所
エンジン式フォークリフト	・電気式のように長時間の充電が不要で，燃料補給が容易である。	・排気ガスを発生する。 ・電気式に比べ，騒音が大きい。
電気式フォークリフト	・排気ガスがなく，エンジン式に比べ，極めて低騒音である。 ・保守点検の箇所が少なく，故障修理も少ないのが普通で，電気代などの運転経費がエンジン式に比べて安価である。	・蓄電池（バッテリー）容量に限界があるので，連続稼働時間がエンジン式に比べて短い。 ・充電に時間がかかる。 ・イニシャルコストがエンジン式に比べて高い。 ・蓄電池（バッテリー）の交換費用が高価である。

またディーゼル式フォークリフトの規制も同時に強化され，さらに平成 23 年 10 月以降および平成 26 年 10 月以降に，段階的に同式フォークリフトでいっそうの強化が実施された。なおエンジン式と電気式は，**表 1-1** のとおり，それぞれ長所と短所があるので，使用状況等により，適切な機種を選択することが必要である。

　電気式フォークリフトに搭載されている電池は鉛蓄電池が主流であるが，近年はリチウムイオン電池を搭載したものもある。

⑶　車輪タイプによる分類

　次の①～③に分けられる（なおフォークリフトに使用されている各種のタイヤの特徴については，第 2 編第 1 章第 3 節「⑶　車輪（ホイール）」の項を参照）。

　①　ニューマチック車

　　内部に空気が入っているタイヤを装着したフォークリフト

　②　ニューマチック形クッション車

　　ニューマチックタイヤと類似形状で内部に空気が入っていないタイヤを装着したフォークリフト

　③　クッション車（ソリッドタイヤを装着したフォークリフト）

　　内部に空気層がなく，ゴム材のみで形成されたタイヤを装着したフォークリフト。ソリッドタイヤは，クッションタイヤともいう。

⑷　操縦方式による分類

　次の①，②などに分けられる。

　①　乗車式

　　運転者が乗車して操縦するフォークリフト

　　・座席式：運転者が座って操縦するフォークリフト

　　・立席式：運転者が立って操縦するフォークリフト

② 　歩行式

　運転者が歩きながら操縦するフォークリフト

3. フォークリフトの主要諸元および寸法（図1-13，図1-14）

　フォークリフトは，積付けスペースや通路幅等を最小限にして，作業効率や保管効率の向上を図るため，コンパクトであることが要求される。

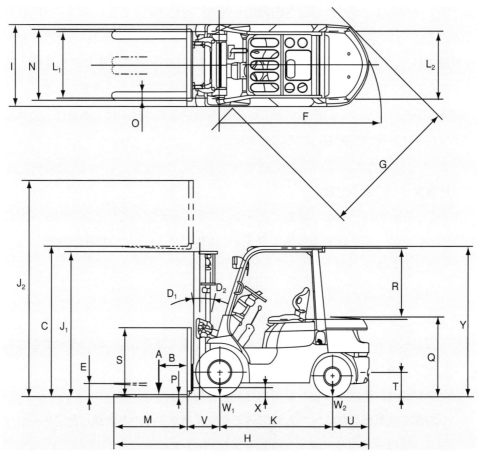

A：最大荷重	J_1：全高　マスト下降時	R：ヘッドクリアランス
B：基準荷重中心	J_2：全高　マスト上昇時	S：バックレスト高さ
C：最大揚高	K：ホイールベース	T：ドローバー中心高
D_1：マスト傾斜角 前傾角	L_1：トレッド 前輪	U：リヤオーバーハング
D_2：マスト傾斜角 後傾角	L_2：トレッド 後輪	V：フロントアスクルから
E：フリーリフト	M：フォーク長	フォーク前面まで
F：最小旋回半径	N：フォーク調整間隔（外側）	W_1：前輪荷重
G：最小直角通路幅	O：フォーク幅	W_2：後輪荷重
H：全　長	P：フォーク厚さ	X：最低地上高
I：全　幅	Q：ボディ高さ	Y：ヘッドガード高さ

図1-13　フォークリフトの主要諸元（カウンターバランスフォークリフト）

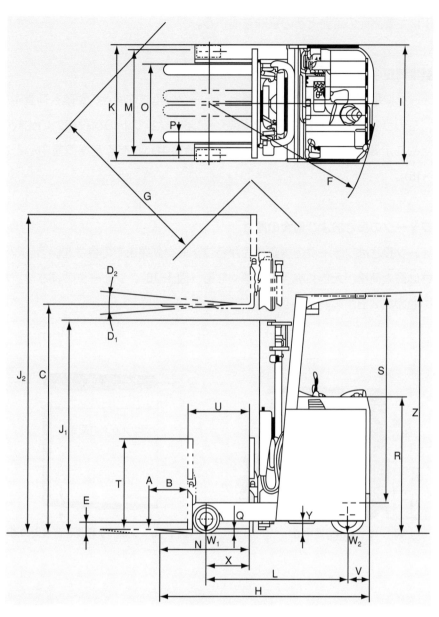

A：最大荷重	J₁：全高　マスト下降時	S：ヘッドクリアランス
B：基準荷重中心	J₂：全高　マスト上昇時	T：バックレスト高さ
C：最大揚高	K：フレーム幅	U：リーチ量
D₁：フォーク傾斜角　下方	L：ホイールベース	V：リヤオーバーハング
D₂：フォーク傾斜角　上方	M：前輪トレッド	W₁：前輪荷重
E：フリーリフト	N：フォーク長	W₂：後輪荷重
F：最小旋回半径	O：フォーク調整間隔（外側）	X：フロントアスクルから
G：最小直角通路幅	P：フォーク幅	フォーク前面まで
H：全　長	Q：フォーク厚さ	Y：最低地上高
I：全　幅	R：ボディ高さ	Z：ヘッドガード高さ

図 1-14　フォークリフトの主要諸元（リーチフォークリフト）

以下に主要諸元の定義とその意味を述べる。

(1) 基準荷重中心

フォークに積載した荷重の重心位置とフォークの垂直前面との距離を荷重中心といい，このうち特に**表1-2**に示す数値を，フォークリフトの荷役能力の比較の目的のために定義された定格荷重を決める際の荷重中心である基準荷重中心という（**図1-15**）。

(2) フォークの長さおよび最大の厚さ

フォーク長さはフォークの垂直前面からフォーク先端までの長さをいう。フォーク厚さは最大荷重が大きくなるほど厚くなる（**図1-16**）。フォークの長さは，基準荷重中心の約2倍が必要である。

図1-15 基準荷重中心

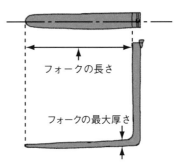

図1-16 フォークの長さと最大の厚さ

表1-2 基準荷重中心

定格荷重	基準荷重中心 D（mm）				
	400	500	600	900	1,200[注]
1 t 未満	○	○			
1 t 以上　5 t 未満		○	○		
5 t 以上　10 t 未満			○	○	
10 t 以上　20 t 未満			○	○	○
20 t 以上　25 t 未満				○	○
25 t 以上					○
注）D＝1,200 は，1,220 mm または 1,250 mm の場合がある。					

注記　サイドフォークリフトおよび三方向スタッキングトラックに対する基準荷重中心は，製造業者によって規定される。特殊用途のため荷重中心が表1-2と異なるフォークリフトは，個別に定格荷重を規定することができる。

⑶ マストまたはフォーク傾斜角

基準無負荷状態（マストを垂直にし，フォークを水平にし，フォーク上面を地上300 mmとした無負荷状態）から，マストを前後に傾斜したときの，垂直位置から前方および後方への最大傾斜角で表す（**図1-17**）。リーチフォークリフトでは通常，マストは垂直で，フォークを支えているフィンガーバーがティルトシリンダーによって前後傾する。

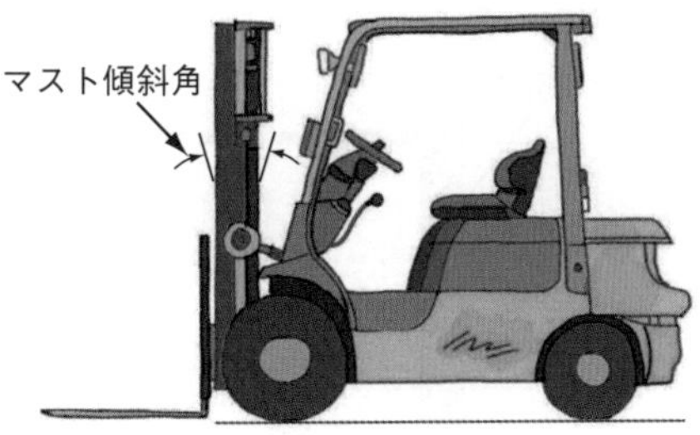

図1-17　マストまたはフォーク傾斜角

⑷ 最大揚高

基準負荷状態（基準荷重中心に最大荷重を積載し，リーチ機構をもつもの

図1-18　最大揚高

は，リーチを完全に戻し，マストを垂直にし，フォークを水平にし，フォーク上面を地上300 mmにした負荷状態）からフォークを最高位置に上昇させた場合，地面からフォーク水平部の上面までの高さをいう（**図1-18**）。一般にフォークリフトは，最大揚高3,000 mmのものが多い。

⑸ 銘　　板

フォークリフト構造規格により，運転者の見やすい位置に次の事項が表示されている。

運転にあたっては，銘板に記載されている荷重に対して，運転資格や扱い物の荷重が適切かどうか確認することが大切である。

①　製造者名
②　製造年月日又は製造番号
③　最大荷重
④　許容荷重

なお，最近の銘板には，これ以外に最大揚高，車両質量，荷重表または荷重曲線等が表示されている（荷重表については第4編124〜125ページを参照）。

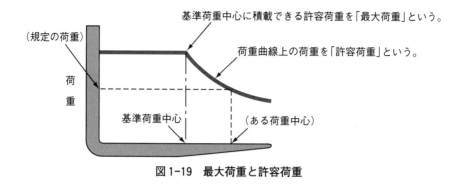

図 1-19　最大荷重と許容荷重

1)　許容荷重

　　フォークリフトの構造および材料ならびにフォーク等に積載する荷の重心位置
に応じ負荷させることができる最大の荷重をいう（安衛則第 151 条の 20）（**図 1
-19**）。

2)　最大荷重

　　フォークリフトの構造および材料に応じて基準荷重中心に負荷させることがで
きる最大の荷重（**表 1-2**，**図 1-19**）。

3)　製造番号

　　メーカーの機種ごとに一連の符号と番号が記入されている。

例．FG 25-00001

・1 字目の「F」はフォークリフトを表す

・2 字目は動力を表す（ガソリン G，ディーゼル D，バッテリー（電気）B）

・3，4 字目は定格荷重^{注)}を表す(10：1,000 kg，15：1,500 kg，20：2,000 kg，25：
　2,500 kg)

・-00001 は製造番号を表す

注）　フォークリフトの荷役能力の比較の目的のために定義される質量。アタッチメントなどは
　　付加せず，標準フォークおよび標準マストを装備したフォークリフトが，基準荷重中心に積
　　載できる最大の質量（JIS　D 6201「14106 定格荷重」の定義による）。

第**3**章　フォークリフトの
機能・性能

この章のまとめ

・この章ではフォークリフトの主な機能および性能について学ぶ。

・フォークリフトは，フォークリフト構造規格で定める安定度を有しているが，規定された条件下での安定度なので，実際の使用がこの条件と異なる場合は，積載荷重を減らすなどで安定を確保する必要がある。

・フォークの強度は，安全係数 3 以上，リフトチェーンの強度は，安全係数 5 以上を有している。

・定格荷重 1～3 t のカウンターバランスフォークリフトの最大走行速度は，14～20 km/h が一般的である。リーチフォークリフトは，9～11 km/h が一般的である。

・定格荷重 1～3 t のフォークリフトのフォーク最大上昇速度は，500～700 mm/s が一般的である。フォーク最大下降速度は，450～550 mm/s が一般的である。

・荷の落下によって運転者が危害を受けることを防ぐため，運転者の頭上にはヘッドガードが装着されている。また，荷がマストの後方に落ちるのを防ぐため，バックレストが装着されている。これらは，労働安全衛生規則で装着が義務付けられているので，取り外してフォークリフトを使用してはならない。

・運転者が通常の運転席以外で操作したときに，車両および荷役装置が動くのを防ぐため，離席時には動作しないインターロックシステムを搭載したフォークリフトが増えている。

1．フォークリフトの安定度

　フォークリフトの安定度は，荷積み，荷おろし，または運転時における転倒に対する安全性を表す数値である。

　フォークリフトの安定度には，基準負荷状態にした後フォークを最高に上げた状

表1-3　フォークリフトの安定度（フォークリフト構造規格第 1 条〜第 3 条）

安定度の区分	フォークリフトの状態	こう配（単位パーセント）		
		フォークリフト（右欄の フォークリフトを除く）	サイドフォークリフト	リーチフォークリフト
前後の安定度	基準負荷状態にした後，フォークを最高に上げた状態	4 （最大荷重が 5 トン以上のフォークリフトにあっては，3.5）	6	4 （最大荷重が 5 トン以上のフォークリフトにあっては，3.5）
	走行時の基準負荷状態	18	18	18
左右の安定度	基準負荷状態にした後，フォークを最高に上げ，マストを最大に後傾した状態	6	4 （最大荷重が 5 トン以上のサイドフォークリフトにあっては，3.5）	6
	走行時の基準無負荷状態	15＋1.1 V	15＋1.1 V	15＋1.1 V

備考
1　フォークリフト欄の基準負荷状態とは，基準荷重中心に最大荷重の荷を負荷させ，マストを垂直にし，フォークの上面を床上 30 センチメートルとした状態をいう。
2　フォークリフト欄の走行時の基準負荷状態とは，基準負荷状態にした後，マストを最大に後傾した状態をいう。
3　フォークリフト欄の走行時の基準無負荷状態とは，マストを垂直にし，フォークの上面を床上 30 センチメートルとした状態にした後，マストを最大に後傾した状態をいう。
4　サイドフォークリフト欄の基準負荷状態とは，基準荷重中心に最大荷重の荷を負荷させ，リーチを完全に戻し，マストを垂直にし，フォークを水平にし，当該荷を荷台にのせ，フォークの上面を床上 30 センチメートルとした状態をいう。
5　サイドフォークリフト欄の走行時の基準負荷状態とは，基準負荷状態にした後，アウトリガーを引き込めた状態をいう。
6　サイドフォークリフトおよびリーチフォークリフト欄の走行時の基準無負荷状態とは，リーチを完全に戻し，マストを垂直にし，フォークを水平にし，フォークの上面を床上 30 センチメートルとした状態をいう。
7　リーチフォークリフト欄の基準負荷状態とは，基準荷重中心に最大荷重の荷を負荷させ，リーチを完全に戻し，マストを垂直にし，フォークを水平にし，フォークの上面を床上 30 センチメートルにした状態をいう。
8　リーチフォークリフト欄の走行時の基準負荷状態とは，基準負荷状態にした後，マスト及びフォークを最大に後傾した状態をいう。
9　この表において，V は，フォークリフトの最高速度（単位キロメートル毎時）の数値を表すものとする。

態および走行時の基準負荷状態での前後の安定度と，基準負荷状態にした後フォークを最高に上げ，マストを最大に後傾した状態および走行時の基準無負荷状態での左右の安定度とが，国が定める「フォークリフト構造規格」に規定されている（**表1-3**）。

　この安定度は，①荷を高く上げたときの安定性，②走行中の急旋回，③急制動した場合の安定性などフォークリフト本体と荷の重心の高さによる影響を考慮して，これを超えるとフォークリフトが転倒してしまうこう配を安定度として定めている。

　規格に定められたフォークリフトの安定度は，ある使用条件下での数値を示すものであって，この規格に示された安定度を満足するフォークリフトであっても，あらゆる使用条件下での安全性が保証されているものではない。

　すなわち，ある使用条件とは，

　①　使用する場所が平たんで，かつ，堅固な路面または床面であること

② 走行時基準負荷状態または走行時基準無負荷状態で走行すること

③ 荷の積おろし作業を行うときは，マストを垂直とし，前傾させないこと

であり，この条件から外れてフォークリフトを使用する必要があるときには，積載荷重を減らして必要な安定を確保するか，さらに積載能力の大きい車両を用いるなど，使用時の安定性を確保しなければならない（安定の知識については，第 4 編第 2 章 3．物の安定（すわり）を参照）。

安定性の確保にあたっては，フォークリフトが良好な整備状態にあることが必要である。例えば，タイヤの空気圧が規定値に満たないとき，マスト各部に異常なすき間があるときなどは，本来あるべき安定度が保たれない。

また，フォークリフト各部の強度，安定性は，この安定度に応じた負荷に対するものであって，荷扱いの都合により，後尾に勝手に重錘（おもり）を付けて見かけの安定度を増してフォークリフトに過度な仕事をさせることは，各部のバランスを崩して，大事故の原因になるおそれがあり行ってはならないことである。

なお，フォークリフトの安定度の規格としては，旧 JIS D 6011 が廃止され，以下のとおり一般事項およびフォークリフトの種類ごとの要求事項を定めた 6 つの JIS 規格が制定されている（※第 7 部は 2020 年制定予定）。

JIS D 6011-1 フォークリフトトラック―安定度及び安定度の検証―第 1 部：一般

JIS D 6011-2 フォークリフトトラック―安定度及び安定度の検証―第 2 部：カウンタバランスフォークリフトトラック

JIS D 6011-3 フォークリフトトラック―安定度及び安定度の検証―第 3 部：リーチフォークリフトトラック及びストラドルフォークリフトトラック

JIS D 6011-4 フォークリフトトラック―安定度及び安定度の検証―第 4 部：パレットスタッキングトラック，プラットフォームスタッキングトラック及び運転者の位置がリフト高さ 1200 mm まで上昇するオーダピッキングトラック

JIS D 6011-5 フォークリフトトラック―安定度及び安定度の検証―第 5 部：サイドフォークリフトトラック

JIS D 6011-6 フォークリフトトラック―安定度及び安定度の検証―第 6 部：運転者の位置が 1200 mm を超えて上昇するオーダピッキングトラック

※JIS　D 6011-7　フォークリフトトラック―安定度及び安定度の検証―第7部：
　　　　　　　　　長さ6m以上のコンテナを扱うカウンタバランスフォークリ
　　　　　　　　　フト

2. フォークの強度

　フォークは，荷積載時に十分な強度を必要とする。フォークリフト構造規格第8
条では，「基準荷重中心に最大荷重の荷を負荷させたときにフォークに生じる応力
の値は，フォークの鋼材の降伏強さの値の3分の1の値以下であること」と定めて
いる。これは，最大荷重に対して，3倍以上の安全性があることを意味している。

3. リフトチェーンの強度

　フォークリフトの荷役装置に使用するチェーンすなわちフォークを上下させるた
めのチェーン（以下「リフトチェーン」という。**図1-20**）は，フォークと同様荷

リフトチェーン

図1-20　リフトチェーン

積載時に十分な強度を必要とする。フォークリフト構造規格第 9 条では，「フォークリフトの荷役装置に使用するリフトチェーンは，安全係数が 5 以上のものでなければならない。この安全係数は，リフトチェーンの破断荷重の値を，リフトチェーンにかかる荷重の最大の値で除して得た値とする」と定めている。これは最大荷重に対して 5 倍以上の安全性があることを意味している。

4．ヘッドガードおよびバックレスト

フォークリフトの運転者が，荷の落下などにより危害を受けるのを防止するための装備として，ヘッドガードおよびバックレストがある。これらは，運転者の安全を確保するために必要な装備であり，外して使用してはならない。

(1) ヘッドガード

倉庫内で荷を高積みする場合など，荷の落下によって運転者が危害を受けるおそれがあるので，運転座席上部にはヘッドガード（**図 1-21**）が装着されている。

ヘッドガード[注]は，万一，運転者の頭上に荷が落下しても，安全が保てる強度をもち，かつ，運転者の運転操作などに支障のない構造でなければならない。

労働安全衛生規則（安衛則）第 151 条の 17 では，ヘッドガードの装着を義務付けるとともに構造を以下のように定めている。

① 強度は，フォークリフトの最大荷重の 2 倍の値（その値が 4 t を超えるもの

図 1-21　ヘッドガード

注) JIS D 6021「フォークリフトトラック-ヘッドガード」では，一層の安全を確保することおよび国際規格との整合を図るために，労働安全衛生規則よりも寸法ならびに強度を増す方向で規定している。

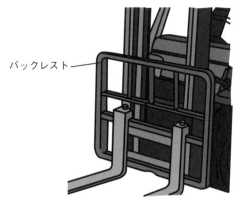

図 1-22　バックレスト

にあっては，4 t）の等分布静荷重に耐えるものであること。

②　上部わくの各開口の幅または長さは，16 cm 未満であること。

③　運転者が座って操作する方式のフォークリフトにあっては，運転者の座席の上面からヘッドガードの上部わくの下面までの高さは，95 cm 以上であること。

④　運転者が立って操作する方式のフォークリフトにあっては，運転者席の床面からヘッドガードの上部わくの下面までの高さは，1.8 m 以上であること。

⑵　**バックレスト**

　フォーク上の荷が背後に落ちないように設けた荷受け枠（**図 1-22**）のことで，装着が義務付けられている（労働安全衛生規則第 151 条の 18）。

5．走行速度

　エンジン式フォークリフトの最大走行速度は，定格荷重 3 t 以下で 18～20 km/h，4～8 t で 20～25 km/h，10 t 以上で 25～35 km/h が一般的である。また，電気式カウンターバランスフォークリフトでは，定格荷重 1～3 t で 14～18 km/h，リーチフォークリフトでは 9～11 km/h が一般的である。

　作業現場での走行にあたっては，現場の状況や周囲の環境等を十分考慮して作業計画を定め，適切な走行速度で使用しなければならない。

表 1-4　停止距離

フォークリフトの状態	制動初速度（単位 km/h）	停止距離（単位 m）
走行時の基準無負荷状態	20（最高速度が 20 km/h 未満のフォークリフトにあっては，その最高速度）	5 以内
走行時の基準負荷状態	10（最高速度が 10 km/h 未満のフォークリフトにあっては，その最高速度）	2.5 以内

備考　この表において，走行時の基準無負荷状態および走行時の基準負荷状態とは，フォークリフトの種類に応じ，それぞれ表 1-3 に掲げる走行時の基準無負荷状態および走行時の基準負荷状態をいう。

6．停止距離

　フォークリフトを停止させる場合，カウンターバランスフォークリフトは，自動車と同様にブレーキペダルを踏み込むが，リーチフォークリフトは，走行時はブレーキペダルを踏み込み制動時はペダルから足を離す。カウンターバランスフォークリフトは，通常，前輪ブレーキのみで後輪ブレーキはない。リーチフォークリフトは，後輪駆動のため後輪ブレーキとなっているが，前輪に補助ブレーキを装着しているものもある。ブレーキには，ドラムブレーキ，乾式ディスクブレーキ，湿式多板ブレーキなどがあるが，その制動能力[注]は，平たんで乾いた舗装路面で，**表 1-4** に示す距離で停止できなければならない（フォークリフト構造規格第 4 条）。

7．昇降速度

　エンジン式フォークリフトのフォーク最大上昇速度は，負荷時（荷を積載している時）と無負荷時（荷を積載していない時）で差が少なく，定格荷重 3 t 以下で 500～700 mm/s，4～10 t で 400～500 mm/s，それ以上で 250～400 mm/s が一般的である。一方，電気式フォークリフトでは，負荷時と無負荷時の差が大きく，定格荷重 3 t 以下であれば，負荷時で 250～350 mm/s，無負荷時で 500～600 mm/s が一般的である。

　最大下降速度は，エンジン式フォークリフトと電気式フォークリフトで差がない。フォークは自重により下降するため，荷を積載し操作弁を全開にして下降させた場合は，下降速度が速くなり過ぎて危険なので，操作弁とリフトシリンダーの間にフローレギュレーターバルブを装着し，下降速度を制御している。最大下降速度は，600 mm/s 以下であることが JIS D 6001-1 で規定されており，450～550 mm/s が一般的である。

注）　国際規格との整合を図るため JIS D 6023「フォークリフトトラック─ブレーキ性能及び試験方法」を規定している。

　なお，フォークリフトでは，荷取り時の位置合わせなどで，フォークの高さを微妙に調整（ファインコントロールという）する必要があるため，1 cm 程度の精度で微調整が可能になっているものが多い。

8．離席時の走行・荷役インターロックシステム

　運転者が通常の運転席以外で操作したときに、車両や荷役装置が動くことで発生する事故を防ぐため，離席時のインターロックシステムを搭載したフォークリフトが増えている。JIS D 6001-1 で規定されているインターロックシステム（**図 1-23**）の要件は，次の 2 項であるが，古い型式のフォークリフトでは、このシステムが組み込まれていない場合があるので，注意する必要がある。

　①　走行インターロック

　　　乗車式フォークリフトは，運転者が通常の運転操作位置にいないとき，動力による走行が可能であってはならない。運転者が通常の運転操作位置に戻る時，追加操作（例えば，方向切替装置を再セット，または速度制御装置を再作動）なしに，自動的に動力による走行ができてはならない。ただし，クラッチペダルを備えた手動変速式のフォークリフトは除外する。

　②　荷役インターロック

　　　乗車式フォークリフトで，運転者が通常の運転操作位置にいないとき，荷役制御装置を操作することによって，マストの傾斜およびリフトブラケット（フォークを装備しマストに案内されて上下動する部材）の移動が可能であってはならない。

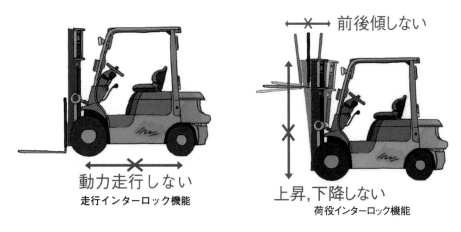

図 1-23　離席時のインターロックシステムの機能

第2編

フォークリフトの走行に関する装置の構造および取扱いの方法に関する知識

<table>
<tr><td>第1章</td><td># 構 造</td></tr>
</table>

第 1 章 構 造

> **この章のまとめ**
>
> この章ではフォークリフトの走行に関する装置の構造，特徴について学ぶ。
>
> ・エンジン式フォークリフトは，１つのエンジンで走行，荷役およびかじ取り
> を行うが，電気式フォークリフトでは，走行，荷役およびかじ取りを，バッ
> テリーで駆動するそれぞれ別々のモーターで行う（荷役とかじ取りは兼用の
> 場合もある）。
>
> ・フォークリフトの動力伝達装置は，クラッチ式変速機，トルコン式変速機，
> 油圧駆動変速機などがある。
>
> ・電気式フォークリフトの走行および荷役用モーターは交流式が一般的で，か
> じ取り用のモーターは直流式が一般的である。
>
> ・フォークリフトの操縦装置は，倍力装置付（パワーステアリング）が一般的
> で，油圧式および電気式がある。
>
> ・カウンターバランスフォークリフトは，油圧式の足ブレーキと機械式の駐車
> ブレーキを装備している。リーチフォークリフトの足ブレーキは機械式で，
> ブレーキペダルを踏むとブレーキが解除され，離すとブレーキが利くように
> なっており，駐車ブレーキを兼ねている。

1．原 動 機

　フォークリフトが走行し，荷役作業を行うためには、動力が必要である。この動
力を発生させる装置を原動機という。フォークリフトに使用されている原動機には，
エンジン（内燃機関）およびモーター（電動機）がある。

⑴ エンジン（内燃機関）

　エンジンは，ガソリン，軽油，LPG（液化石油ガス）などの燃料をエンジン内
部で燃焼させ，発生する熱エネルギーを動力に変える装置であり，ガソリンエンジ

ン，ディーゼルエンジンなどがある。ここでは，エンジンの構造，作動原理および
フォークリフト用エンジンの特徴などについて述べる。

1)　ガソリンエンジン

　　ガソリンエンジンは，シリンダー内でガソリンと空気との混合ガスを圧縮し，
これに点火し燃焼させることで得られる熱エネルギーを回転エネルギーに変える
装置である。このエンジンを基に，燃料供給装置を変更すれば，LPG（液化石
油ガス）および CNG（圧縮天然ガス）を燃料とすることも可能である。

㋐　構　　　造

　　エンジン本体の主要部分としては，シリンダーブロック，ピストン，ピスト
ンリング，コネクティングロッド，クランクシャフト，フライホイール，バル
ブ，カムシャフト，燃料供給装置（キャブレターまたは燃料噴射装置），ディ
ストリビューター，点火プラグなどがあり，これにオルタネーター，冷却ファ
ンなどの補機類が装備されている（**図2-1**，**図2-2**）。

㋑　作動原理

　　ピストンがシリンダー内を下がるとき，燃料供給装置から供給された霧状の
ガソリンが空気とともにピストンの上部へ吸い込まれる。次に吸気バルブが閉
じ，ピストンが上がってガソリンと空気の混合ガスが圧縮されたとき，点火プ
ラグで電気火花を飛ばすことで混合ガスが着火燃焼し，この圧力でピストンを
押し下げる。ピストンが下死点近くになると排気バルブが開き，ピストンが上
がることで，燃焼したガスがピストンから排出される（**図2-3**）。

　　ピストンの上下運動は，コネクティングロッドを介してクランクシャフトの

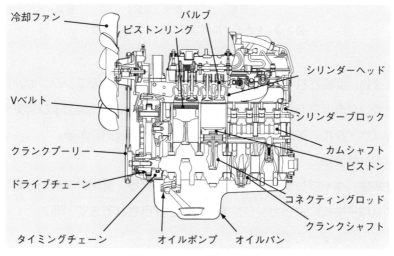

図2-1　エンジンの構造

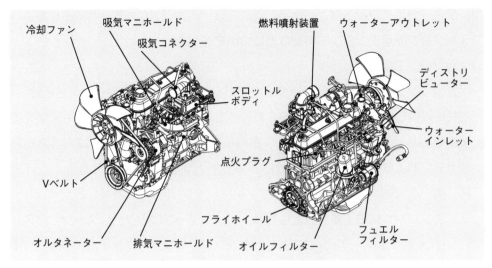

図 2-2　ガソリンエンジンの外観

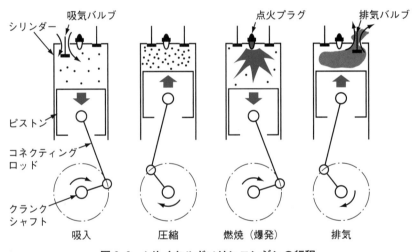

図 2-3　4 サイクルガソリンエンジンの行程

回転運動に変換され，動力源となる。フォークリフトのエンジンは，このように
クランクシャフトが２回転する間に，吸入，圧縮，燃焼および排気の４つの
行程（サイクル）を行う４サイクルエンジンが一般的である。

(ｳ)　燃料供給装置

　　従来は，キャブレター方式が一般的であったが，排出ガス規制が厳しくなる
につれ電子制御によるガソリン噴射方式が採用されてきている。

ｱ)　キャブレター方式

　　スロットルバルブ上流にベンチュリー（絞り部）をもち，空気流によって

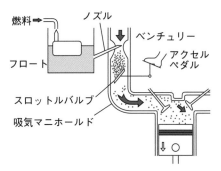

図 2-4　キャブレター方式

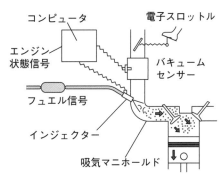

図 2-5　電子制御ガソリン噴射方式

　　生じるベンチュリー負圧により，フロート室からガソリンが連続的にエンジ
　ン内に導入される（**図 2-4**）。

　イ）　ガソリン噴射方式

　　　吸入空気量を計測し，エンジンの燃焼に必要なガソリン量をコンピュータ
　　が計算しインジェクターから加圧された燃料を霧状で供給する電子制御方式
　　（**図 2-5**）。

2）　ディーゼルエンジン

　　ディーゼルエンジンは，シリンダー内に吸入した空気を圧縮することで高圧・
　高温にし，これに軽油を霧状に噴射し自然着火させ，その燃焼により発生する熱
　エネルギーを回転エネルギーに変える装置である。

（ア）　構　　　造

　　　エンジン本体の主要部分は，ガソリンエンジンから燃料供給装置と点火プラ
　　グなどの点火装置を取り外し，代わりに燃料噴射ポンプ，燃料噴射ノズルなど
　　を装備したものと考えてよく，補機類はガソリンエンジンと同様である（**図2
　　-6**）。

（イ）　作動原理

　　　吸入，圧縮，燃焼および排気の4つの行程は，ガソリンエンジンと同一であ
　　るが，ガソリンエンジンがガソリンと空気の混合ガスを吸入し圧縮するのに対
　　し，ディーゼルエンジンは空気のみを吸入し圧縮する。前者は点火により燃焼
　　するが，後者は圧縮されて高圧，高温になった空気に軽油を高圧で噴射するこ
　　とで自然着火し燃焼する。

（ウ）　燃料供給装置

　　　シリンダー内に吸入，圧縮された空気に燃料を高圧で噴射する装置。プラン

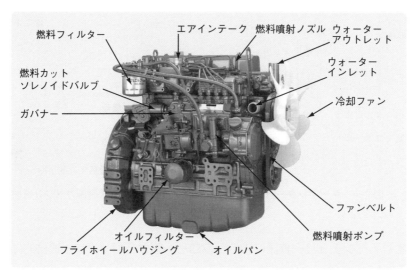

図 2-6　ディーゼルエンジンの外観

　　ジャーのストロークで燃料を直接シリンダーに圧送するジャーク式システム
（列型噴射ポンプ**図 2-7**，分配型噴射ポンプ**図 2-8**）と，燃料を圧送する共通
の蓄圧室をもちエンジンの作動状況に応じて，適切な噴射量，噴射時期，噴射
圧などを電子制御するコモンレール式（蓄圧式）システムがある（**図 2-9**）。

3)　フォークリフト用エンジンの特徴

　㋐　ガバナーの装備

　　　フォークリフト用エンジンは，走行，荷役およびかじ取りの動力源として使
用され，荷役，かじ取りは，エンジンに連結された油圧ポンプが油圧を発生す
ることで行われる。エンジンにかかる負荷はフォークリフトの状態により，大
きく変化するので，エンジンの操作を容易にし，過回転を防止する最高回転速
度制御ガバナーを装備するのが一般的である。

　㋑　油圧ポンプの取付け

　　　前述した油圧ポンプは，エンジンに直接取り付け，タイミングギヤにより駆
動するタイプ（**図 2-10**）が一般的だが，クランクプーリー[注]からカップリン
グ[注]を介して駆動するタイプおよびクランクプーリーから V ベルトを介して駆
動するタイプもある。

　㋒　冷却ファン

　　　フォークリフトでは，エンジンが車体の後方寄りに取り付けられており，ラ

注）　クランクプーリー：クランクシャフトの先端に取り付けられた滑車。
　　　カップリング：軸と軸をつなぐ継手。

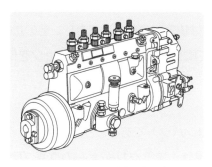

図 2-7　列型噴射ポンプ

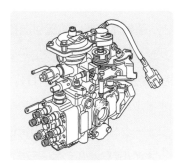

図 2-8　分配型噴射ポンプ

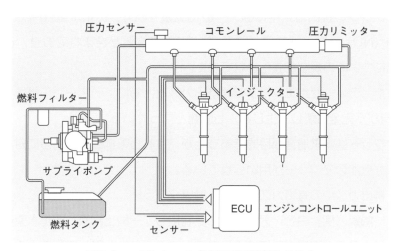

図 2-9　コモンレール式高圧燃料噴射システム

油圧ポンプ

エンジンのシリンダーブロックに取り付け，タイミングギヤから駆動される

図 2-10　油圧ポンプの装着

ジエーターが車体の後部にあるので，通常の自動車と同様の外気吸込み形にすると，運転席下部に熱風が送られ，夏季には快適な作業ができない。そのため，エンジンルームからラジエータを通過して風を外に出す，押出しファンを使うのが一般的である（**図2-11**）。

㈡　オイルパン，エアクリーナー

フォークリフトは，その特性上車体がコンパクトであることが要求されるので，オイルパン（25ページの**図2-1**）の形状，エアクリーナーの位置（**図2-12**）などは，車体に合わせて製作されている。

㈢　排気浄化マフラー

エンジンの排出ガス中には，一酸化炭素（CO），炭化水素（HC），窒素酸化物（NOx），粒子状物質（PM）などの有害物質が含まれており，これらの排出についての規制が強化されてきた。

また，ディーゼルエンジンでは排出ガスとともに，ディーゼル黒煙，火の粉（燃料が不完全燃焼して生じる）も問題となっている。

マフラーは本来消音が目的であったが，これらの排出ガス問題に対してさまざまな機能のマフラーが用いられている。

ア）　排出ガス中の有毒ガスの低減：触媒マフラー

触媒（例：白金，アルミナ）を利用して一酸化炭素，炭化水素を酸化させ水蒸気と炭酸ガスにする。触媒とマフラーは分離して装着されている場合が多い。

さらに，窒素酸化物も同時に分解する三元触媒マフラーもある。

図 2-11　押出しファン

図 2-12　エアクリーナーの例

イ) 排出ガス中の粒子状物質（PM）の低減：DPF装置

　　ディーゼルエンジンの排出ガス中の粒子状物質を特殊フィルターにより捕集する装置。フィルターの目詰まりを防止するため，定期的に捕集した粒子状物質を燃焼させ除去する必要がある。

ウ) 排出される火の粉の低減：火の粉除去マフラー（フレームアレスター）

　　排出ガスの流速を利用し，遠心力により火の粉を分離し捕集することで低減する（**図2-13**）。

エ) 取扱いに関する注意

　　触媒マフラーは，排出ガス中の有毒ガスの成分を低減させるが，エンジン始動後しばらくの間（低温時）は効率が悪くなる。

　　また，排気浄化マフラーは，取扱説明書に従い正しい取扱いをしないと効果が発揮できなくなるので注意が必要である。

　　排出ガスや粒子状物質は，完全に浄化されるわけではないので，換気の悪い作業場では未浄化のガスや粒子状物質が徐々に溜まり，中毒や酸欠になることがあるので換気に十分注意しなければならない。

4) ガソリンエンジンを搭載したフォークリフト

　　国内では，定格荷重3t以下のフォークリフトに多くみられるが，1.8t以下については電気式に切り替わってきている。3.5t以上のフォークリフトには，燃料費がかさむなどの欠点があるため，あまり搭載されていない。

5) ディーゼルエンジンを搭載したフォークリフト

　　主に，定格荷重2t以上のフォークリフトに多く，5t以上では，ほとんどがディーゼルエンジンを搭載している。ガソリンエンジンに比べて騒音や振動が大きいなどの欠点があるが，燃料消費量が少ない，軽油を使用するため燃料費が安

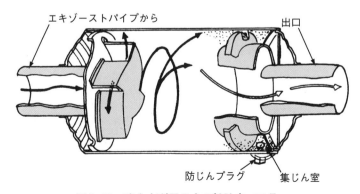

図2-13　遠心力利用の火の粉除去マフラー

い，耐久性に富むなどの長所があり，1.8 t 以下のフォークリフトにも一部搭載されている。

6) LPG，CNG を燃料としたフォークリフト

LPG は，液化された石油ガスのことで普通はプロパンガス，ブタンガスまたはそれらの混合物のことをいう。

ガソリンエンジンに LPG 燃料供給装置を加えることによって，LPG を燃料として，エンジンを駆動することができる（**図2-14，図2-15**）。

LPG は，不純物が少なくガス状となって空気と混合するので，完全燃焼しやすく，排出ガス中には一酸化炭素（CO）が少ない。また，燃料費もガソリンに比べて安いという特徴を持っている。

CNG は，天然ガスを 20 MPa 程度に圧縮した圧縮天然ガスのことをいい，CNG 燃料供給装置を加えることでガソリンエンジンを駆動することができる。CNG は LPG よりさらに不純物を含まず，排出ガスはクリーンで炭酸ガス（CO_2）の発生も少なく，黒煙もほとんど排出されない。

LPG，CNG を燃料としたフォークリフトは，ガソリンを燃料としたフォークリフトに比べ一酸化炭素（CO）などの有毒ガスの排出量が少ないが，屋内で使用する場合には換気が必要なので注意しなければならない。

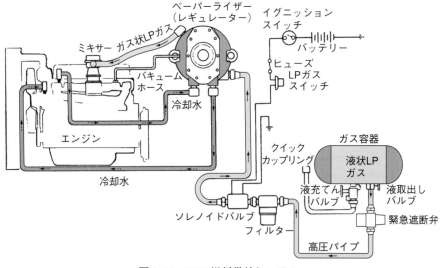

図2-14　LPG 燃料供給システム

図2-15　LPGを燃料としたフォークリフト

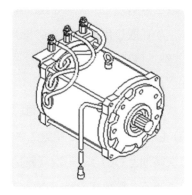

図2-16　走行用交流モーター

⑵　**モーター（電動機）**

　エンジン式フォークリフトは，1つのエンジンで，走行，荷役およびかじ取りを
行うが，電気式フォークリフトでは，走行，荷役およびかじ取りを，バッテリーで
駆動するそれぞれ別々のモーターで行う（荷役とかじ取りは兼用の場合もある）。

1）　走行用モーター

　　フォークリフトの走行用モーターは，トルクが大きいときは回転速度が遅く，
トルクが小さいときは回転速度が速いという特性をもつ。これは後述するトルク
コンバーターの特性と類似しており，起動時，登坂時には定常走行時の数倍のト
ルクを出すことができる。最近では交流モーター（**図2-16**）が一般的で，一部
の機種で直流直巻モーターもある。走行用モーターの出力は，1時間連続して発
揮できる出力で表示される（例：5kW/1h）。

2）　荷役用モーター

　　一般的な電気式フォークリフトの荷役性能は，無負荷時の上昇速度はエンジン
式と同等だが，負荷時は遅い（エンジン式は負荷時と無負荷時が，ほぼ同じ上昇
速度）。最近では，交流モーターが一般的で，一部の機種で直流直巻モーターも
ある。

　　荷役用モーターの出力は，5分間連続して発揮できる出力で表示される（例：
8kW/5min）。

3）　かじ取り用モーター

　　かじ取り用モーターは，パワーステアリング（かじ取り倍力装置）の動力とし
て用いられ，直流永久磁石式が一般的である。パワーステアリングには，モータ
ーで油圧ポンプを回し，発生した油圧で倍力する油圧式と，モーターの回転を直
接機械的に取り出して倍力する電気式（EPS）がある。油圧式の場合は，かじ

取り専用のモーターを設けず，荷役用モーターで兼用する場合も多い。

かじ取り用モーターの出力は，１時間連続して発揮できる出力で表示される（例：１kW/１h）。

(3) バッテリー（蓄電池）

バッテリー（図2-17）とは，電気エネルギーを化学エネルギーに変えて貯蔵（充電）し，必要に応じて電気エネルギーとして取り出す（放電）ことができるもので，二次電池ともいう。一次（乾）電池と異なる点は，この充放電を繰り返し行えることである。電気式フォークリフトのバッテリーのほとんどは鉛蓄電池であるが，最近では，リチウムイオン電池のような高効率のバッテリーも採用され始めている。

鉛蓄電池の原理は，希硫酸中に過酸化鉛（陽極）と海綿状の鉛（陰極）を浸漬すると，充電または放電の際の化学変化でこの陽極と陰極の間に約２Ｖの電圧が発生することである（図2-18，図2-19）。この約２Ｖの電池（単電池あるいはセルという）を複数個直列に並べて12〜96Ｖ程度の電圧にして使用している。

2．動力伝達装置

フォークリフトの動力伝達装置は，自動車のそれと類似しているが，後進も前進と同程度に使用される，最高速度が遅いなどの相違がある。

(1) クラッチ式変速機

クラッチの断続の間に，変速機の速度段や前・後進のギヤの切換えを手動で行う形式。

クラッチペダルの操作方法によって，車両をスムーズに動かしたり，接続時に適度な衝撃を出したりできる特徴がある。一方，クラッチペダルの操作は疲労を伴う

図 2-17　バッテリーの外観

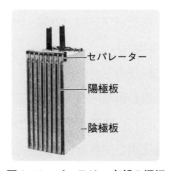

図 2-18　バッテリー内部の極板

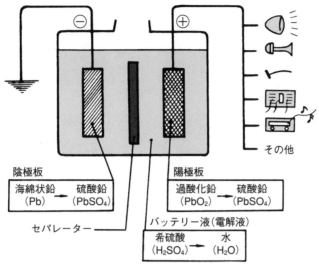

陰極板
海綿状鉛 → 硫酸鉛
(Pb) → (PbSO₄)

陽極板
過酸化鉛 → 硫酸鉛
(PbO₂) → (PbSO₄)

その他

セパレーター

バッテリー液（電解液）
希硫酸 → 水
(H₂SO₄) → (H₂O)

図 2-19 放電中の化学変化

ため，操作の楽な変速機が多く使用されるようになってきている。

1) クラッチ

　フォークリフトは，自動車と違ってクラッチ操作回数が非常に多いので，クラッチ板の摩耗が早くなる。そのため，クラッチ板の交換が容易にできるように，メインシャフトをクラッチ板の反対側に抜き出し，変速機を取り外すことなくクラッチ板の交換ができるようになっている（**図 2-20**）。過酷な使い方をする場合は，摩耗の少ない湿式クラッチ（摩擦面を油で潤滑する）が使われることがある。

2) 変 速 機

　前進・後進とも2段式のものが多い。自動車のように，高速を必要としないので，減速比を大きくとって，発進・登坂の力が出せるようになっている。

　変速機構としては，同期かみ合い式（シンクロメッシュ式）になっており，変速時，かみ合わせる互いの2つの歯車の周速度を等しく（同期させる）して，変速操作が容易に行えるようにしている。

⑵ **トルコン式変速機（パワーシフト式変速機）**

　トルクコンバーター（トルコン）と湿式多板クラッチの断続によりギヤのかみ合いを選択する変速機を組み合わせた形式。

1) トルクコンバーター

　トルクコンバーターは，クラッチ式の欠点を補うものである。フォークリフトは通常，トルク（回転力）と車速が広範囲に変わることが要求されるが，クラッ

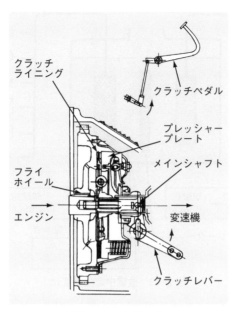

図 2-20　クラッチ

チ式の場合は多数のギヤのかみ合いで対応しており，運転者が変速操作をすることにより段階的に変えている。トルクコンバーターは，これらを自動的に連続的に行うものであり，運転操作が容易に行える。

(ア)　トルクコンバーターの構造

　　トルクコンバーターは主として，エンジンのフライホイールに連結されるポンプ，変速機の入力軸に連結されるタービン，ポンプとタービンの間にあるステーターなどから構成されており，油を満たした１つのケースの中に納められている（**図 2-21**）。

(イ)　トルクコンバーターの原理

　　トルクコンバーターは，流体（油）の流れにより動力を伝達する装置である。

　　図 2-22 のように扇風機を２台向かい合わせ，片方の扇風機のスイッチを入れると，他方の扇風機も回りだす。これは，空気が媒体となって，エネルギーを伝達したためである。スイッチを入れた駆動側の扇風機の風は，被駆動側の羽根を通り過ぎると後方へ散ってしまうが，この風を，流路を作って再び駆動側の扇風機の裏側に導くと，同じ空気を使って扇風機の羽根を回し続けることができる。これがトルクコンバーターの原理である。

　　トルクコンバーターでは，駆動側の扇風機としてポンプ（エンジン側），被駆動側の扇風機としてタービン（変速機側），流れの向きを変える役目のステーターがあり，媒体として油を用いている。

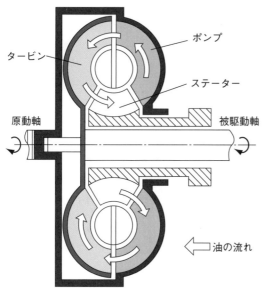

図 2-21　トルクコンバーターの断面図

タービン　ポンプ　ステーター　原動軸　被駆動軸　油の流れ

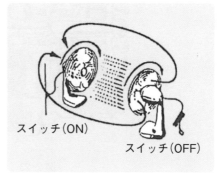

図 2-22　トルクコンバーター原理

スイッチ(ON)　スイッチ(OFF)

　㈡　トルクコンバーターの特徴

　　　トルクコンバーターは，次に示す特徴がある。

　①　変速操作が不要でエンストの心配がなく，運転が簡単である。

　②　ヒンジドフォークやバケット付きのような，衝突・衝撃を与えるアタッチ
　　メントの場合も，油がクッションの役目をするので，ショックを緩和し，エ
　　ンジンおよび駆動系の装置を保護する。

　③　クラッチ式のような遊び，すき間の調整およびクラッチ板の交換が不要で
　　ある。

　④　エンジンブレーキの利きが悪いので，坂道を下るような場合は，フットブ
　　レーキを使用する必要がある。

　⑤　クラッチ式に比べ燃費が悪い。

2)　パワーシフト式変速機

　　　トルクコンバーターは，前後進の切り替え，動力伝達の断続，機種によっては
　　速度段数切り替えのため，パワーシフト式変速機と組み合わせて使用されている。

　　　パワーシフト式変速機は油圧を利用して，湿式多板クラッチの接続・切り替え
　　を行う。ギヤは常時かみ合い式で，多板クラッチが接続したときに動力を被駆動
　　軸に伝達する。前後進レバー，機種によっては変速レバー（前後進レバーと一体
　　のものもある）を軽く操作するだけで，湿式多板クラッチへの油圧を ON/OFF
　　して前後進切り替えや変速ができる（**図 2-23**）。

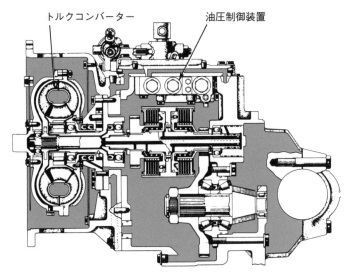

図 2-23　パワーシフト式変速機

⑶　油圧駆動変速機（HST：Hydrostatic Transmission）

　油圧駆動変速機（HST）は，可変容量タイプの油圧ポンプと油圧モーターから
なる。

　エンジンで油圧ポンプを回して得られた油圧エネルギーは，油圧モーターに送ら
れ再び回転力に変換され，ギヤを介してタイヤを駆動する（**図 2-24**）。

　油圧駆動変速機には，次に示す特徴がある。

①　トルコン式変速機に比べ効率がよく，低燃費である。

②　油圧伝達のため前後進の切り替え，微速調整がスムーズにできる。

③　油圧駆動により，機械的な動力伝達装置（ミッション，クラッチ，トルクコ
　　ンバーター）が不要で構造がシンプルであり，その分メンテナンス費用を少な
　　くできる。また，摩擦伝達部分がないため，オーバーヒートが発生しにくい。

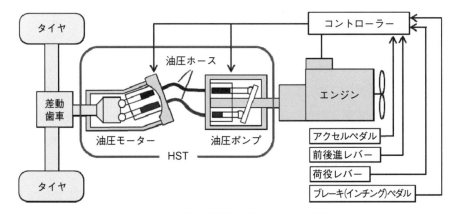

図 2-24　油圧駆動変速機（HST）の概念

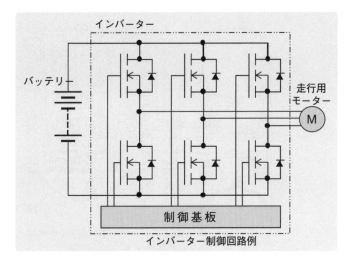

インバーター制御回路例

図 2-25　インバーター制御

インバーター外観例

(4)　電気式フォークリフトの走行制御

　電気式フォークリフトの走行速度制御は，走行用モーターの回転速度を変えることで行う。最近の走行用モーターは，交流式が一般的で、モーターのトルク，回転速度の制御は，バッテリーの直流電源を交流電源に変換するインバーターで，モーターにかける電圧，周波数を変えることで行っている（**図 2-25**）。

(5)　終減速装置

　自動車の終減速装置と基本的に同一であり，変速装置からの回転速度を減速して，原動機の動力を駆動車軸に伝達する。通常，差動装置を内蔵する（**図 2-26**）。

(6)　差動装置

　フォークリフトが旋回するとき，外側のタイヤは，内側のタイヤよりも速く回転し，直進のときは同じ回転速度となる。この機能を満足させるのが差動装置で，自動車用と基本的に同一構造になっている（**図 2-26**）。

　カウンターバランスフォークリフトには必ず装備されている装置であるが，油圧駆動式や電気式で，左右のタイヤをそれぞれ独立したモーター（油圧式または電動式）で駆動しているものは，モーターが左右輪の回転を変えるので，差動装置は装備されていない。また，リーチフォークリフトは，後輪1輪で駆動しているので，差動装置はない。

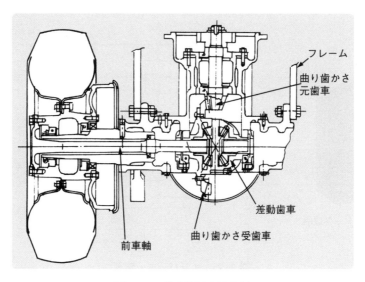

図 2-26　差動装置と前車軸

3．走行装置

⑴　前車軸

　カウンターバランスフォークリフトでは，前車軸が動力を伝達する駆動車軸である。その取付け方法は自動車と異なり，懸架ばねがなくフレームへ直接ボルト締めされている（**図2-26**）。リーチフォークリフトには前車軸がなく，前輪は荷重を支え回転する固定支持の遊輪となっている。

⑵　後車軸

　後車軸は一般にかじ取り車軸となっており，タイヤのかじ取り角は，自動車と異なり内側で75〜80°と極端に大きい（自動車は，内側で35°程度）。これは，旋回半径をできるだけ小さくして，狭い場所でも稼働できるようにするためである。

　カウンターバランスフォークリフトでは，後車軸はその中心にあるピンを介してフレームに取り付けられており，そのピンを回転支点として上下に片側3〜5°程揺動できるようになっている（センターピン方式）。この支持構造により凹凸路面でも前後4輪が路面に接地することができ，スリップせずに走行することができる（**図2-27**）。

　リーチフォークリフトには後車軸がなく，後輪の1輪は駆動とかじ取りを兼ねている。かじ取り角は，約90°でカウンターバランスフォークリフトよりも大きい。

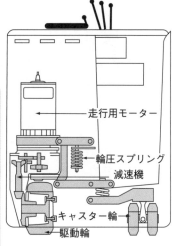

走行用モーター

輪圧スプリング

減速機

キャスター輪

駆動輪

図 2-28　リーチフォークリフト
の駆動装置および後輪

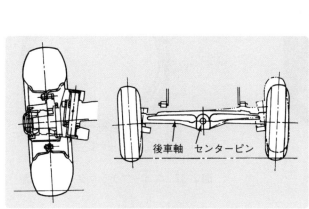

後車軸　センターピン

図 2-27　後車軸

別にキャスター輪といって，旋回自在な車輪をもつものもある（**図 2-28**）。

⑶　車輪（ホイール）

　フォークリフトの車輪は，リム（車輪外周の円環）とタイヤで構成されている。

　リムの種類には，二つ割りリム（**図 2-29**），傾斜座リムまたは広幅平底リム（**図 2-30**）がある。

　タイヤは，大きく分けて次の 3 種類がある。

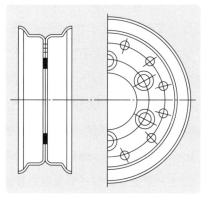

図 2-29　二つ割りリム

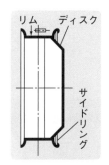

リム　ディスク

サイドリング

図 2-30　傾斜座リムおよび
広幅平底リム

図 2-31　ニューマチックタイヤ

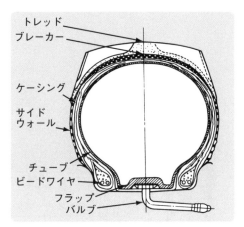

図 2-32　ニューマチックタイヤの構造

1)　ニューマチックタイヤ

　　フォークリフト用のニューマチックタイヤ（空気入りタイヤ）は，自動車用と異なり，低速・高荷重で使用されるので，その使用条件に合うように十分に補強された産業車両用タイヤを使用している（**図 2-31，図 2-32**）。

　　ニューマチックタイヤを装着したフォークリフトは，屋外の比較的路面が悪い場所でも振動，ショックが少なく使用できるが，高揚高時や旋回時の揺れはニューマチック形クッションタイヤを装着したフォークリフトよりも大きい。タイヤの空気圧は自動車よりも高圧で，700～980 kPa が一般的である。タイヤは，取扱説明書に記載されているタイヤサイズを使用し，記載されている空気圧に従い空気を充塡しなければならない。新しいタイヤ装着時（新車，タイヤ交換時）は，空気圧の低下が早いので注意が必要である。

　　積雪の多い地域用に，スノータイヤもある。

図 2-33　ニューマチック形クッションタイヤの構造

2)　ニューマチック形クッションタイヤ

　　ニューマチック形ソリッドタイヤともいう。外観はニューマチックタイヤと同一であるが，チューブがなく，空気の入る部分が軟質ゴムで構成されたタイヤで，メンテナンスの面でパンクの心配がなく交換までの時間が長いという利点がある（**図 2-33**）。ただし，ニューマチックタイヤに比べ，乗り心地，燃費は若干劣る。最近では，ニューマチックタイヤよりも装着率が高くなっている。

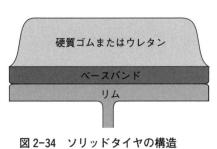

図 2-34　ソリッドタイヤの構造
（プレスオン式の例）

図 2-35　ソリッドタイヤ
（リーチフォークリフト前輪の例）

　このタイプのタイヤには，カラータイヤ（ホワイトまたはグリーン）があり，電気式フォークリフトで，屋内のきれいな路面で稼働する場合などに使用されている。

　また，ニューマチックタイヤと同様スノータイヤもある。

3)　ソリッドタイヤ

　クッションタイヤともいう。中実のタイヤで，ベースバンド（金属製の筒）にウレタンまたは硬質ゴムを接着し，これをリムに圧入したプレスオン式（**図2-34**）や，直接リムに硬質ゴムを接着したキュアオン式がある。

　同一外径のニューマチックタイヤよりも大きな荷重に耐えるので，車体をコンパクトに設計することができる。タイヤが硬いため，乗り心地は他のタイプのタイヤに比べ劣るが，タイヤのたわみによる車体の揺れが少ないので安定した作業ができる。

　主に屋内で稼働しコンパクト性が重視されるリーチフォークリフトには，このタイヤが装着されている（**図2-35**）。

4.　操縦装置

　フォークリフトは，自動車と異なりかじ取りの回数が多く，ハンドルも片手で操作する。運転者の負担を軽くするため，定格荷重1t未満の一部の車両を除きパワーステアリングが採用されている。

⑴　**カウンターバランスフォークリフトのパワーステアリング（かじ取り倍力装置）**

　セミインテグラル式および全油圧式がある。

1) セミインテグラル式

　油圧式と電気式（EPS）があるが，最近では，油圧式はほとんど採用されていないため，電気式を例に述べる。

　ハンドルの回転をステアリングギヤボックス，ピットマンアーム，ドラッグリンクを介して，機械的に直接後車軸に伝えるタイプの操縦装置で，リンクの途中にパワーアシストのための電動モーターで駆動するシリンダー（アクチュエーター）が装着されている。ステアリングギヤボックスには，ハンドルの動きとタイヤ操舵角の変位を感知するセンサーが内蔵されている（**図 2-36**）。油圧式の場合は，シリンダーが油圧式に，ステアリングギヤボックスが油圧バルブ付に代わる。

2) 全油圧式

　最近のエンジン式フォークリフトでは，このタイプが一般的で，電気式カウンターバランスフォークリフトでも増えてきている。ハンドルの回転に連動する油圧回路切替弁および計量油圧ポンプを内蔵したステアリングバルブで，ハンドルを回した分だけ後車軸のシリンダーに油を送り，かじ取りする。ステアリングバルブとシリンダーは油圧配管で結ばれているため、コンパクトな構造となる（**図 2-37**）。

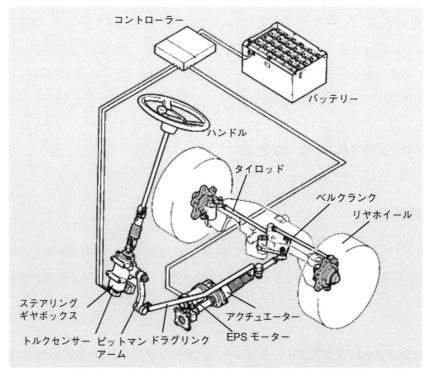

図 2-36　セミインテグラル式パワーステアリング（電気式）

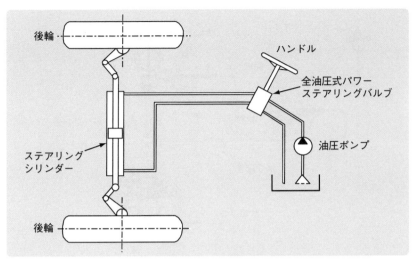

図 2-37　全油圧式

ステアリングバルブ内で発生
する油もれにより，ハンドルの
ノブ位置がずれる構造であるが、
これを補正するノブずれ防止シ
ステムを搭載したものが一般的
である。

(2)　リーチフォークリフトのパワ
ーステアリング（かじ取り倍力
装置）

ステアリング機構の中に組み込
まれたセンサーが，ハンドル回転
角とタイヤ操舵角の変位（ねじれ）

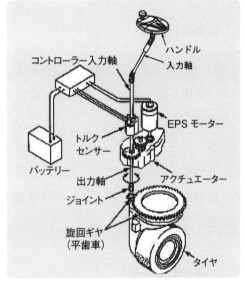

図 2-38　リーチフォークリフトの電気式パワー
ステアリング

を感知し，その変位に応じた信号をコントローラに送る。コントローラは，その信
号に応じた電流をアクチュエーター（ギヤボックス）に装着された EPS モーター
に流し，モーターが回転することで旋回ギヤを回し，舵取りする（**図 2-38**）。

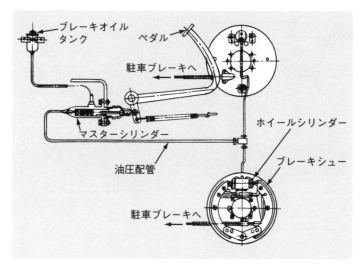

図 2-39　足ブレーキ

5．制動装置

　カウンターバランスフォークリフトは，一般に，前輪に作用する油圧式の足ブレーキ（常用ブレーキ）と，前輪または変速機出力軸に作用する機械式の駐車ブレーキを装備している。

　カウンターバランスフォークリフトの最大走行速度は，一般に 14〜35 km/h の範囲で車格によりまちまちであるが，負荷時は前輪に大きな荷重がかかる。そのため，自動車と異なり，足ブレーキは特殊な大型車両を除いて，前輪のみに装着されている。

⑴　油圧式足ブレーキ

　ドラム式ブレーキが最も一般的で，自動車と同様，足による踏力をマスターシリンダーに伝え，発生する油圧をホイールシリンダーへ送ってブレーキシューを広げ，ブレーキドラムとの間の摩擦で制動をかけるものである（**図 2-39**）。

　湿式多板ブレーキや乾式ディスクブレーキを採用している機種もある。

⑵　サーボ式ブレーキ（倍力装置付ブレーキ）

　車両質量，積載荷重の大きいフォークリフトの場合，通常の運転者の踏力によるペダル操作では，十分な制動力が得られない場合がある。このため，サーボ式（倍力装置付）にして，ブレーキ操作圧を増すことで，軽い踏力で十分な制動力が得ら

れるようにしている。

サーボ式ブレーキには，油圧サーボ式，真空サーボ式，エアサーボ式があるが，いずれもエネルギー源をエンジンから取り出しているため，次の注意が必要である。

① 運転時にエンジンが停止したり，油圧系統やエア系統が故障した場合は，直ちに停車すること。
② 下り坂や平地でエンジンを止めて惰行走行しないこと。
③ ブレーキやステアリング系統が故障した車両のけん引による移動は，絶対にしないこと。

(3) 駐車ブレーキ

機械式ブレーキで，駐車ブレーキレバーを操作することにより，手の力をケーブルを介してブレーキシューに伝え作動させる。ブレーキドラムに内側からブレーキシューを押し付けて制動する内部拡張式（**図2-40**）とブレーキドラムを外側から締め付けて制動する外部収縮式などがある。

駐車ブレーキレバーは，手を離してもブレーキ状態が保持できるように，ラチェット式またはオーバーロック式になっている。また，安全のため，意図しない外れやかけ忘れを防止する構造となっている。

フォークリフト構造規格では，駐車ブレーキは，乾いた舗装路面において**表2-1**に示すこう配で駐車できる能力がなければならないと定めている。

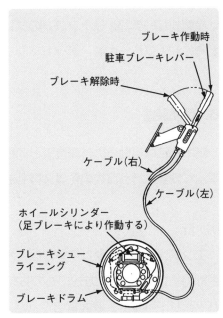

図2-40 内部拡張式ブレーキ（駐車ブレーキを兼用）

表2-1 停止こう配

フォークリフトの状態	こ う 配
走行時の基準無負荷状態	20%
走行時の基準負荷状態	15%

注）こう配は％で表している。角度では20％は約11.3°，15％は約8.5°である。

47

ディスクブレーキ
ディスク
走行用モーター
ブレーキパッド
減速機
ブレーキペダル
タイヤ

図 2-41　立席式リーチフォークリフトのブレーキ装置

(4)　リーチフォークリフトのブレーキ

　立席式リーチフォークリフトのブレーキは，ブレーキペダルを踏むとブレーキが解除され，離すとブレーキが利くようになっており，駐車ブレーキを兼ねている。

　その構造は，走行用モーターの回転軸後端にディスクを装着し，そのディスクをバネ力により締め付けてブレーキを利かせる，乾式ディスクブレーキとなっている（**図 2-41**）。また，ブレーキが利くと同時に走行系の電気回路がしゃ断され，誤って前後進レバー（アクセルレバー）を操作しても車両が発進しないようになっている。

　立席式リーチフォークリフトのブレーキのように，運転者が席を離れたときに自動的に利くブレーキは，デッドマンブレーキと呼ばれている。

6．付属装置

　基本的には自動車の付属装置と同様であるが，走行するだけでなく荷役作業を効率よく安全に行う目的の付属装置もある。

(1)　計　　器

　エンジン式フォークリフトでは，水温計，エンジン油圧計，燃料計，トルコン油温計（以上は警告表示方式のものもある）などがあり，電気式フォークリフトでは，バッテリー容量計，液面警告灯（バッテリー内の電解液不足の警告）などがある。積算稼働時間を表示するサービスメーター（アワーメーター）は，両者に装備されている。

　このほかに，速度計，荷重計（積載している荷の質量を表示），警告表示灯（水・油の残量，ブレーキ摩耗），電流計および作業や整備関連の情報（走行距離，操作頻度，稼働状況，故障コードなど）を表示する機能をもつ計器もある。

　計器は，これを見ることによって，フォークリフトが正常か否かを判断するもの

であるから，常に注意しておく必要がある。また，最近では，各種の計器を集中表示するモニターパネル形式のものも多く，ボタン操作により画面を切り替えて表示させる場合があるので，取扱説明書をよく読み操作方法を十分把握しておく必要がある。

⑵　灯火，警音器など

1)　標準装備

　警報機（ホーン），方向指示器は，フォークリフト構造規格により装備が義務付けられている。ただし，方向指示器に関しては例外規定があるため，標準で装備されていない機種もある。前照灯，尾灯，制動灯，後退灯，バックミラー，バックブザーは，標準で装備されている場合が多い。

2)　オプション装備

　上方作業灯，回転灯，点滅灯など走行や荷役の安全を高めるさまざまな機器がある。

　夜間作業時，倉庫内などの作業場において照明設備がなく，かつ，車の後方を照明する必要があれば，後照灯を装備しなければならない（**図2-42**）（安衛則第151条の16）。

　車検を取得する場合は，例えばナンバープレート（自動車登録番号票）や番号灯等が必要となる（道路運送車両法第11条，第41条）。

⑶　電気式フォークリフトの充電器

　電気式フォークリフトには，バッテリーを充電するための充電器が必要であるが，この充電器には，車体に搭載された車載式と，充電場所に設置する定置式（別置き

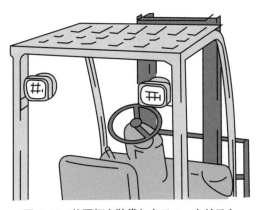

図2-42　後照灯を装備したフォークリフト

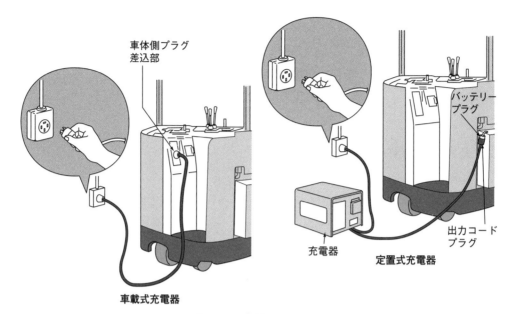

図 2-43　充電器の操作例

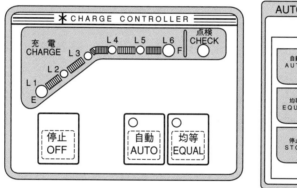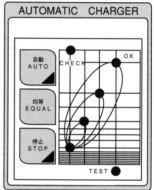

図 2-44　自動式充電器の操作部の例

式）とがある（**図2-43**）。

　バッテリーが適切に充電されているかどうかは，稼働時間やバッテリー寿命など
に大きく影響するので，取扱説明書に従い適切に充電する必要がある。最近の充電
器は，充電ボタンを押すだけの自動式充電器（**図2-44**）になっているものが多く，
適切な充電をフォークリフト（充電器）が判断している。

　充電器は，バッテリーの容量にあったものを使用する必要がある。また，冷蔵庫，
水産業の現場など，結露や水・塩水が掛かるおそれがある場所で使用する場合には，
車載式でなく定置式充電器を使用しなければならない。なお，充電時は水素ガスが
発生するので，バッテリー上部のフードをあけて，火気がなく雨などがかからない

換気の良い場所で充電しなければならない。

⑷　そ　の　他

　危険物を取り扱うなど発火しやすい環境で作業する場合は，消火器を用意するなどの配慮が必要である。

<table>
<tr><td>第2章</td><td>取扱いの方法</td></tr>
</table>

この章のまとめ

・この章では主に作業開始前点検，定期自主検査，運転操作について学ぶ。

・作業開始前点検については，その日の作業を安全に行うための方法について
記載している。

・定期自主検査については，災害を防止するため，事業者に法律で義務付けら
れている年次検査および月例検査について学ぶ。

・運転操作については，エンジン式・電気式など動力別に始動・発進・走行・
停止・運転終了時の操作および点検についてまとめている。

1．基本的な事項

　フォークリフトは，荷物の運搬作業の効率化のために便利な機械である。しかし，
自動車に比べて車両質量や駆動力も比較的大きく，構造や運転特性も異なるので，
基本的な機能を理解したうえで運転操作をしないと災害につながるおそれがある。
また，旋回半径が小さいことから狭い場所での荷役運搬作業が可能なため，運転操
作にあたっては，運転者はもちろん誘導者は周囲の状況，特に歩行者や荷物の高さ，
建物の構造等に十分注意しなければならない。

　フォークリフトは，法令により１日１回，以下の項目について作業開始前点検を
行うことが義務付けられている。

　・制動装置および操縦装置の機能

　・荷役装置および油圧装置の機能

　・車輪の異常の有無

　・前照灯，後照灯，方向指示器および警報装置の機能

エンジン式フォークリフトの燃料の補給時は，必ずエンジンを停止させること。
燃料，作動油などの漏れがあった場合は修理が終了するまで使用してはならない。
電気式フォークリフトでは，バッテリーの上面を常にきれいにして水分をふき取

り，バッテリーケーブルの被覆の傷やコネクターのゆるみの有無も点検しなければ
ならない。

　また，実際に運転するフォークリフトは，メーカーにより，機種ごとに独自の取
扱い上の注意があるので，付属する取扱説明書をよく読んで理解してから運転する
ことが重要である。そのほか，フォークリフトの故障が発見された場合は，直ちに
車両の管理者に報告し，修理することが必要である。

2．作業開始前の点検

　作業開始前に，災害を未然に防止するため，次の注意事項を守り点検すること。

(1) 始動前点検

注意事項　・ヘルメットを装着する。

　　　　　・始業点検中であることを表示する。

　　　　　・始動前点検は始動スイッチが「OFF」の状態で行う。

　　　　　・車両は水平な場所に止め，駐車ブレーキまたは輪止めをする。

　　　　　・前後進レバーが中立であることを確認する。

　　　　　・フォークの先端が地面に降りていることを確認する。

　　　　　・電気式の場合，バッテリー容量計を確認し，バッテリー残存容量が
　　　　　　少ないときは使用せず充電する。

　　　　　・エンジン式の場合，燃料量を確認し，残量が少ないときは給油する。

　　　　　・点検基準値は付属するメーカーの取扱説明書に従う。

点検項目と内容(1)

点 検 項 目	点 検 内 容
外観	水漏れ・油漏れはないか
	タイヤの空気圧は正常か，き裂はないか
	バックミラー，方向指示器，灯火類等の破損はないか

⑵ 始動後点検（必ず車上にて操作すること）

注意事項 ・輪止めがある場合は外す。

点検項目と内容⑵

点 検 項 目	点 検 内 容
原動機	始動性は良いか
	異音がなく排気色は正常か
	燃料はあるか，充電は十分か
荷役装置	荷役装置は正常に作動するか
	油漏れはないか
安全装置	警音器，方向指示器，灯火類等は正常に作動するか

⑶ 徐行にて点検

注意事項 ・シートベルトが装備されている場合は装着する。

・周りに障害物（人等）がないことを確認する。

・フォークを床面から 5〜10 cm 上げ，マストを最大に後傾させる。

点検項目と内容⑶

点 検 項 目	点 検 内 容
動力伝動装置	走行に異常はないか
操縦装置	ハンドルの振られ，取られはないか
制動装置	走行ブレーキは利くか
	駐車ブレーキは利くか

3．定期自主検査

　災害を未然に防止し，フォークリフトの稼働効率の向上を図るため，法律で事業者に定期的な自主検査の実施を義務付けている。

　定期自主検査を実施したときは，その結果を記録して，3 年間保存しなければならない。

⑴ 定期自主検査 【安衛則】第 151 条の 21（年次検査）

　1 年を超えない期間ごとに 1 回，定期的に，自主検査を行わなければならない。この検査は，フォークリフトの定期自主検査指針（平成 5 年 12 月 20 日自主検査指

針公示第 15 号）に従って，実施しなければならない。

⑵　定期自主検査　【安衛則】第 151 条の 22（月例検査）

　1 月を超えない期間ごとに 1 回，定期的に，自主検査を行わなければならない。フォークリフトの定期自主検査指針（平成 8 年 9 月 25 日自主検査指針公示第 17 号）に従って，実施させなければならないが，実施者について特に定めはない。（第 5 編第 8 章（199 ページ）参照）

⑶　特定自主検査　【安衛則】第 151 条の 24（年次検査）

　フォークリフトは安衛法施行令第 15 条第 1 号に定める特定自主検査の対象である。フォークリフトに係る特定自主検査は第 151 条の 21 に規定する自主検査とする。特定自主検査は，事業場に所属し一定の資格を有する者または検査業者に実施させなければならない。

　検査の済んだフォークリフトには，特定自主検査を実施した年月，実施した者の氏名（検査業者の名称）等を明確に記載した検査済標章（特定自主検査済標章，**図 2-45**）が当該フォークリフトの運転席付近で見やすい箇所に貼付されていなければならない。

事業内検査用

事業内検査者が検査を実施した場合に貼付する標章

検査業者検査用
検査業者が検査を実施した場合に貼付する標章

図 2-45　特定自主検査済標章

4．始動の操作

注意事項・必ず，車上にて操作する。

・ヘルメットを装着する。

・シートベルトが装備されている場合は装着する。

・前後進レバーが中立であることを確認する。

・駐車ブレーキが利いているかを確認する。

・輪止めがある場合は外す。

・フォークの先端が地面に降りていることを確認する。

⑴ エンジン式フォークリフト（ガソリン式）

① エンジンキーを，始動スイッチにさし込み（**図2-46**），キーを ON の位置に回す（メーカーによって異なるので取扱説明書を確認すること）。

② キーを「START」の位置に回し，エンジンが始動したらキーから手を離す。

③ エンジンが始動したら，しばらく暖気運転をする。ファーストアイドル機能が働いているので，エンジン回転数は徐々に高くなり，エンジンが暖気されると自動的に回転が下がる。

⑵ エンジン式フォークリフト（ディーゼル式）

① ディーゼル式で予熱装置が付いている機種（直噴式を除く）の場合，エンジンキーを「GLOW」の位置に回し，予熱シグナルランプを点灯させる（**図2-47**）。

② 予熱装置による加熱が完了し，シグナルランプが消灯したら，キーを「START」の位置に回し，エンジンが始動したらキーから手を離す（メーカーにより，操作要領が若干異なる場合があるので取扱説明書を確認すること）。

③ しばらく暖気運転をする。

④ 始動スイッチの構造により，キーを「ON」にすると，予熱シグナルランプが自動的に点灯するものもある（**図 2-48**）。

⑶ 電気式フォークリフト

① 充電完了後または充電中に車両を動かす場合は，取扱説明書に従い充電完了後の処理または充電中断の処理を実施する。

② 必ず，前後進レバーを中立にし，アクセルペダルから足を離した状態で，電

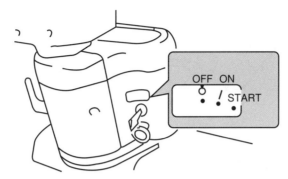

図 2-46　ガソリン式：キーをさし込み，ON の位置に回す

予熱シグナルランプ　　　　　　　　　　　　　　　　　　予熱シグナルランプ

図 2-47　ディーゼル式：キーを「GLOW」の　　図 2-48　ディーゼル式：キーを「ON」にす
　　　　　位置に回し，予熱シグナルランプを　　　　　　　ると，予熱シグナルランプが自動的
　　　　　点灯　　　　　　　　　　　　　　　　　　　　に点灯する機種もある

源スイッチを回し電源"ON"にする。

5．発進，運転の操作

注意事項　　・周りに人，障害物等がないことを確認する。

　　　　　　　・走行時の基本姿勢は，ハンドルを左手で操作し，右手は右足の上に
　　　　　　　　置く。

⑴　運 転 席

　エンジン式フォークリフトの運転席の一例を**図 2-49** に示す。エンジンがガソリ
ン式か，ディーゼル式か，動力伝達装置がクラッチ式か，トルクコンバーター式か
により，レバー，ペダル，一部の警告灯などが変わるが，基本的には同様である。
　なお，トルクコンバーター式に備えられたインチングペダルは，ブレーキととも
に変速機を中立にするため，荷への接近など微速走行操作が容易になるが，頼りす
ぎると事故の元になる。荷役操作時を除き，停止時間が長くなる場合には，飛び出
し事故を防ぐため前後進レバーを中立に戻すことが望ましい。

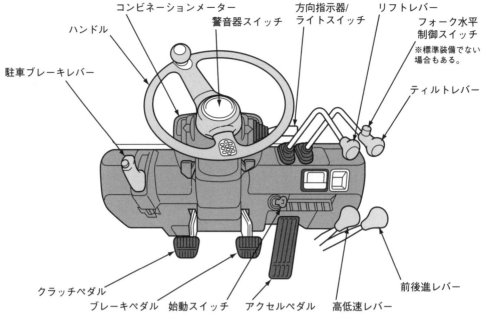

図 2-49　エンジン式フォークリフト（クラッチ式）の運転席（例）

（2）**発　進　前**（図 2-50）

① 　リフトレバーを引いて，フォークを 5～10 cm 上げ，荷の状態を確認。

② 　ティルトレバーを引いてマストを最大に後傾させ，フォーク（パレット）の底面を床面から約 15～20 cm の位置にする。

図 2-50　発進前にはフォーク（パレット）を上げて，マストを後傾

(3) 発　　進

1) エンジン式

(ア) クラッチ式フォークリフト

① クラッチペダルをいっぱい踏み込む。

② 前後進レバーを前（後）進に入れ，高低速レバーを低速に入れる。

③ 駐車ブレーキをゆるめる（レバー式は押しながら前に倒す。ステッキ式は回しながら押し下げる）。

④ アクセルペダルを踏み込むと同時に，クラッチペダルから足を徐々に離すと発進する。

⑤ アクセルペダルをさらに踏み込み，加速させてから足を離すと同時に，クラッチペダルを踏み込み，高低速レバーを高速に入れる。

⑥ アクセルペダルを踏み込むと同時に，クラッチペダルから足をすばやく離す。

以上のとおりで，クラッチ式の自動車と同様である。

発進に際して，空車時と積車時では，アクセルペダルの踏み加減を変える必要がある。積車時はアクセルをいっぱいに踏み込まないと，エンストする場合があるので注意を要する。

上り坂発進では，駐車ブレーキをゆるめる操作を，アクセルペダルを踏み込みクラッチペダルから足を離しながら行う。

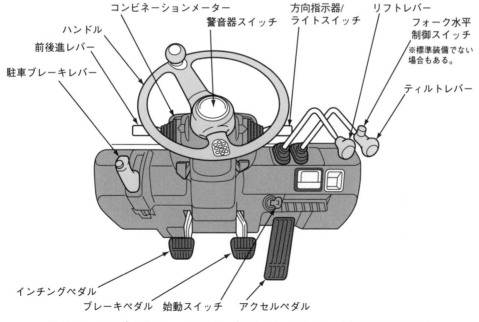

図2-51　エンジン式フォークリフト（トルクコンバーター式）の運転席（例）

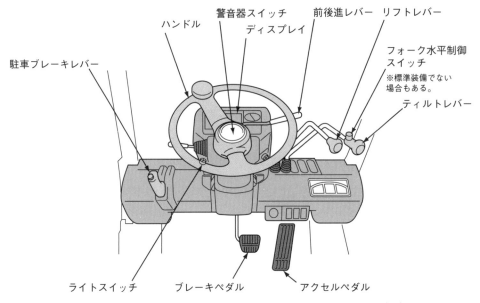

図 2-52　電気式カウンターバランスフォークリフトの運転席（例）

（イ）　トルクコンバーター式フォークリフト（**図 2-51**）

　①　前後進レバーを前（後）進に入れる。

　②　駐車ブレーキをゆるめる。

　③　アクセルペダルを踏み込むと発進する。

　④　インチングペダルを軽く踏むと半クラッチ状態に，いっぱいに踏み込むと前後進は中立となるので，荷役操作時の微速走行に用いる。

2)　電気式

（ア）　カウンターバランスフォークリフト（**図 2-52**）

　①　前後進レバーを前（後）進に入れる。

　②　駐車ブレーキをゆるめる。

　③　アクセルペダルを踏み込むと発進する。

（イ）　リーチフォークリフト（**図 2-53**）

　①　立席式では，運転席に立ち，ブレーキペダルを踏み，前後進アクセルレバーをゆっくりと前（後）方に倒すと車両は前（後）進する。車両の走行速度は，アクセルレバーの倒し加減で調節する。

　　なお，アクセルレバーを進行方向と反対側に倒すと電気ブレーキが働き車両の減速ができるので，スムーズな速度調節につながる。

　②　ブレーキペダルを踏むとブレーキが解除されるので注意すること。

　③　座席式では，前後進スイッチ（レバーの場合もある）を前（後）進に入れ，

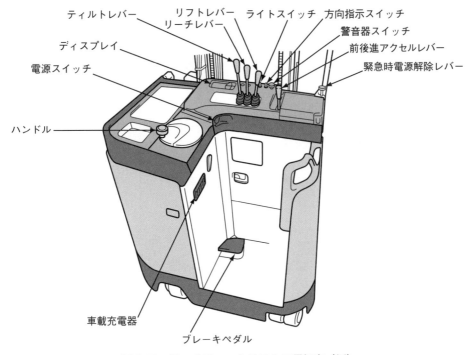

図 2-53　リーチフォークリフトの運転席（例）

駐車ブレーキをゆるめアクセルペダルを踏み込むと発進する。

(4)　指定速度での走行

　工場内，屋内において使用する時は，あらかじめ，その作業に関する場所の地形，地盤の状態などに応じた適正な制限速度を定め，それにより作業を行わなければならない（ほとんどの場合，決められている）。さらに，例えば無負荷時 15 km/h，負荷時 10 km/h と別々に決めた方がより安全である。フォークリフトが混在して作業に使用されている同一の作業場においては，これらの制限はぜひ必要であり，制限速度オーバーや追越しは行ってはならない。

(5)　右折・左折

　交差点または曲がり角で方向を変える場合，曲がろうとする方向へ，方向指示器で合図を行い安全を確認してからハンドルを切る。歩行者または先行して曲がろうとする他の車両がある場合には，いったん停止して待つ。前進で曲がり角を曲がる場合は普通の自動車と異なり後ろ側が外に膨らむため内側よりに旋回する必要がある。これは，フォークリフトのかじ取りは後輪で行うことに起因する（**図 2-54**）。

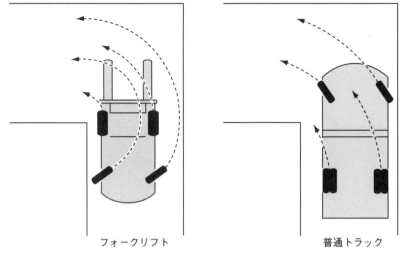

フォークリフト   普通トラック

図 2-54　曲がり角での旋回

図 2-55　前方視界が悪いときは後進で

図 2-56　曲がり角ではいったん停止

⑹ 後　　　進

　フォークリフトは普通の自動車と異なり後進する頻度が極めて高い。前進との割合は，半分ずつまたは４割（後進）６割（前進）程度である。

　大きな荷物を運搬するときは，前方視界が悪いので後進するか，誘導者をつける必要がある（**図2-55**）。後進時は，マストを最大に後傾させ，荷物の安定を確認した上で，後ろを振り向き，慎重に運転をする。

⑺ 通路を横切るときおよび障害物の通過

　曲がり角や倉庫・構内の出入口など，見通しの悪い場所を通過するときは，必ずいったん停止して，左右の安全を確認した後に慎重に発進する（**図2-56**）。

　障害物（例えば，石塊，木材，凹

地，凸地）は避けて通るか，または取り除いたうえで通行すること。泥地，積雪地
など路面状態の悪い場合は，駆動輪である前輪がダブルタイヤ仕様のものを用いる
か，タイヤチェーンを巻く手段が有効である。

6. 一時停止・駐車および運転終了時の操作

(1) **一時停止**

1) エンジン式フォークリフト

　㋐ クラッチ式フォークリフト

　　① アクセルペダルから足を離す。

　　② ブレーキペダルを踏み込む。

　　③ クラッチペダルをいっぱいに踏み込む。

　　④ 前後進レバーと高低速レバーを中立に戻す。

　㋑ トルクコンバーター式フォークリフト

　　① アクセルペダルから足を離す。

　　② ブレーキペダルを踏み込む。

　　③ 前後進レバーを中立に戻す。

2) 電気式フォークリフト

　㋐ カウンターバランスフォークリフト

　　① アクセルペダルから足を離す。

　　② ブレーキペダルを踏み込む。

　　③ 前後進レバーを中立に戻す。

　　④ 走行中に前後進レバーを進行方向と反対側に倒しアクセル操作で電気ブレ
　　　ーキを利かせることもできる（プラギング操作あるいはスイッチバック操作
　　　という）。

　㋑ リーチフォークリフト

　　① 立席式では，前後進アクセルレバーを中立に戻す。

　　② ブレーキペダルからゆっくりと足を離す。

　　③ 走行中に前後進アクセルレバーを進行方向と反対側に倒しアクセル操作で
　　　電気ブレーキを利かせることもできる（プラギング操作あるいはスイッチバ
　　　ック操作という）。

　　④ 座席式では，アクセルペダルから足を離し，ブレーキペダルを踏み前後進

スイッチ（レバー）を中立に戻す。

⑵ **駐　　　車**

1）　エンジン式フォークリフト

　　①　停止の状態を保持するための駐車ブレーキを確実にかける。

　　②　前後進レバーと高低速レバーを中立にする。

　　③　フォークの先端をやや下げて地面に接地させる。

　　④　エンジンキーを OFF へ回しエンジンを停止させ，キーを抜き取る。

2）　電気式フォークリフト

　㈠　カウンターバランスフォークリフト

　　①　停止の状態を保持するための駐車ブレーキを確実にかける。

　　②　前後進レバーを中立にする。

　　③　フォークの先端を地面に接地させる。

　　④　キースイッチを"OFF"にする。

　　⑤　キースイッチのキーを抜き取る。

　㈡　リーチフォークリフト

　　①　ブレーキペダルから足を離す。

　　②　前後進アクセルレバーを中立にする。

　　③　フォークの先端を地面に接地させる。

　　④　キースイッチを"OFF"にする。

　　⑤　キースイッチのキーを抜き取る。

　　⑥　座席式では，カウンターバランスフォークリフトと同様である。

⑶ **運転終了時の点検等**

　運転終了時には，各部の清掃・点検を行い，いつでも作業できる状態にしておくことが必要である。

1）　清　　　掃

　外部等を清掃する。汚れがひどい場合には，水洗いをする（水洗い禁止部分もあるので，取扱説明書に従い行うこと）。

2）　点　　　検

　　①　タイヤの傷，摩耗，空気圧等を目視点検する。

　　②　フォークを最高揚高までゆっくり上げてからゆっくり下げてマストローラー

　の回転がスムーズかどうか点検する（天井等への接触に注意すること）。

③　車の外観に異常（凹み，き裂など）がないかどうか点検する。

④　エンジン式の燃料や電気式のバッテリー容量の残量を点検する。

⑤　エンジンオイル，作動油，燃料，冷却水が漏れていないかどうか点検する。

⑥　ハブナット，ティルトシリンダー，ピストンロッドの継手にゆるみがないか
　　どうか点検する。

3)　充　　　　電

　電気式では，作業時間にもよるが 1 日の作業によりバッテリーが放電しているので，充電をする必要がある。

　電気式には，エンジン式の燃料計に相当するバッテリー容量計が装備されており，バッテリーに蓄えられている電気容量を段階的に表示し，どの程度使用されているかわかるので，この指示をもとに充電を行う。

①　使い過ぎないよう注意し，使ったら充電する。

　　バッテリー容量計が点滅したり，警告音が鳴ったりした場合は，直ちに作業を中止し，バッテリーをすぐ充電すること。それ以上の使用は，過放電となりバッテリーの寿命が短くなる。

②　バッテリー液の液量を確認し，少ない場合は精製水（蒸留水）を規定量まで補充する。必ず充電前に補充する。

③　充電は手順を守って行うこと。

　　機種によって充電器は，車載式と定置式がある。充電器の操作方式も，自動式や手動式（普通充電または均等充電を選択）がある。このため，取扱説明書をよく読んで扱い，過充電にならないように注意すること。

④　火気は絶対に近づけないこと。

　　充電中は爆発性の水素ガスが発生する。特に充電完了が近くなると，バッテリー液中の水の電気分解により水素と酸素が盛んに発生する。

⑤　充電中はバッテリーフード等を開け換気を十分に行うこと。

第**3**編

フォークリフトの荷役に 関する装置の構造および 取扱いの方法に関する知識

第1章 構 造

> ### この章のまとめ
> ・この章ではフォークリフトの荷役に関する装置の構造について，その基本と特徴を学ぶ。
> ・荷役装置は，マストおよび油圧装置の総称で，荷をフォーク等に積載し必要な高さに持ち上げたり，必要な角度に傾けたり，その他いろいろな荷役のための動作ができるような構造になっている。
> ・昇降の動作については，マストと呼ぶ案内レールに沿いリフトシリンダーを油圧によって伸縮させることにより，フォークの昇降を行っている。
> ・傾斜の動作については，カウンターバランスフォークリフトはマスト背面に取り付けたティルトシリンダーでマストを前後傾させることにより行い，リーチフォークリフトはマストが傾斜しないためフィンガーバーをティルトシリンダーの伸縮により傾斜させることによりフォークの前後傾を行っている。
> ・これらの動力源となる油圧は，エンジンまたはモーターで駆動される油圧ポンプで発生させ，運転席でコントロールバルブの油路を切り替えることによって各シリンダーに振り分けている。

1．荷役装置

⑴ フォーク

　フォークは荷物を支えるつめで，その材質には普通，上質の炭素鋼または特殊鋼が用いられている。強度については前述したように，フォークリフト構造規格第8条によって，フォークの静的強度の安全係数が3以上（基準荷重中心に最大荷重の荷物を負荷させたとき，フォークに発生する応力の値は使用鋼材の降伏応力の3分の1の値以下であること）なければならないと規定されており，十分な強度があるが，長時間の使用や使い方によってはフォーク底面が摩耗して薄くなり，曲がったり，折損したりすることがある。

　また，2本のフォークは，車両中心線上から左右に等しい位置におき，荷重が平等に加わるようにすべきで，片荷になったり，あるいはフォークの先端で荷物をこじるような操作をすると，フォークに使用限度以上の力が加わり変形して左右のフォークが不揃いになることがあるので，注意しなければならない。

⑵　**マスト**

　マストは，一般に左右のコ形厚鋼板を，クロスビーム（横梁）で結合したもので，アウターマストはインナーマストのレールの役目をしている。またインナーマスト

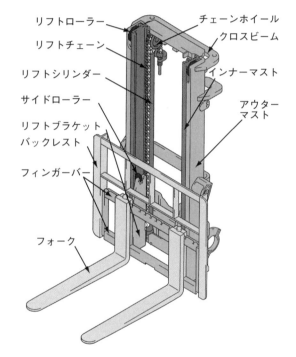

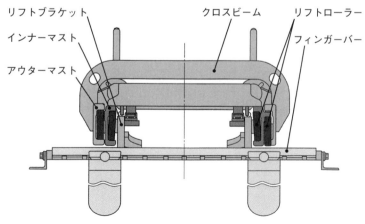

図3-1　マスト

はリフトブラケット（フォークを支えるフィンガーバーがついている）が上下するためのレールの役目をしている。その一例を**図3-1**に示す。

　インナーマスト，アウターマストおよびリフトブラケットにはリフトローラーおよびサイドローラーがついており，フォークが荷重を支えたときでも円滑にマストが上下するようになっている。

　また，リフトチェーンの一端は，アウターマストまたはリフトシリンダーに，他の一端は，チェーンホイールを経てリフトブラケットに連結されており，リフトシリンダーのピストンロッドを油圧で押し上げることによって，リフトブラケット（フォーク付き）は，ピストンの上昇速度の２倍の速度で上昇する（**図3-2**）。

　カウンターバランスフォークリフトではアウターマストの下端は前車軸に支持されているので，ティルトシリンダーを作動させることによって，支持部を支点として，マストの前傾後傾が行われる。

　この際，積み荷を高く上げた状態でマストの前傾，後傾を行うと，荷くずれを起こす危険があるので，注意する必要がある。

　リーチフォークリフトでは，マストは垂直で，フォークを支えているフィンガーバーがティルトシリンダーによって，前後傾する（**図3-3**）。

　次に，マストの種類と構造を示す。

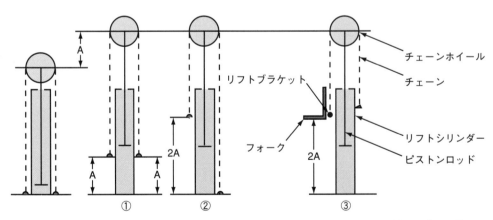

動滑車に渡したひもを固定していない場合，滑車をAだけ上昇させると，ひもの両端もAずつ上昇する（①）。一方，ひも片端を固定した場合は，A幅の動滑車の上昇に対し，ひものもう一端は2Aの上昇をみることとなる（②）。これをフォークリフトに当てはめると，ピストンロッドを押し上げてチェーンホイールをAだけ上昇させる間に，チェーン片端に接続されたリフトブラケット（フォーク付き）は2A上昇する（③）わけだから，リフトブラケットの上昇速度はピストンロッドの上昇速度の2倍ということになる。

図3-2　マストの上昇速度

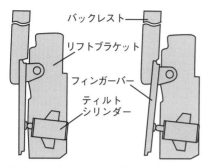

図3-3　リーチフォークリフトのティ
ルト構造

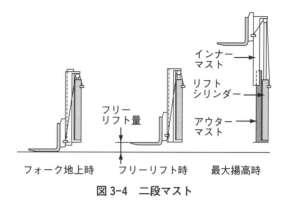

フォーク地上時　　フリーリフト時　　最大揚高時

図3-4　二段マスト

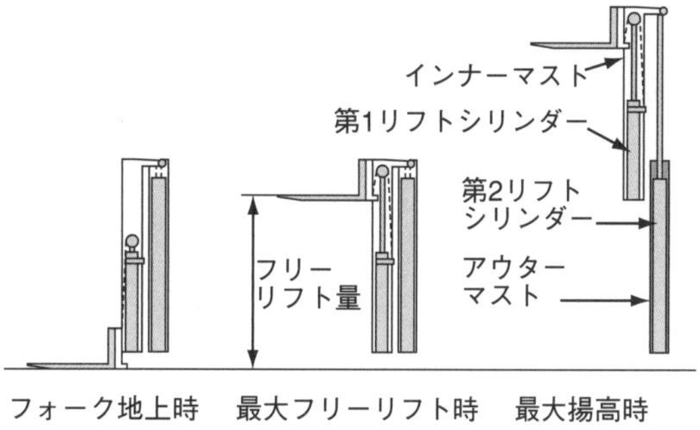

① 二段マスト（**図3-4**）

　標準型。

② フルフリー二段マスト（**図3-5**）

　フリーリフト量が大きい。

③ フルフリー三段マスト（**図3-6**）

　高揚高型で，フリーリフト量も②のフルフリー二段マストと同じように大きい。

「フリーリフト量」とは，マストを垂直にし，マスト高さを変化させずにリフトブラケットを上げることができる最大揚高で，地面からフォーク水平部の上面までの高さをいう。

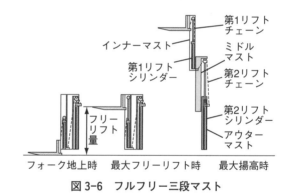

フォーク地上時　　最大フリーリフト時　　最大揚高時

図3-5　フルフリー二段マスト

フォーク地上時　　最大フリーリフト時　　最大揚高時

図3-6　フルフリー三段マスト

　フリーリフト量の大きい②フルフリー二段マストおよび③フルフリー三段マストは，天井の低い倉庫内，コンテナ内および船内などで，天井いっぱいまで荷物を積み込みたい場合に有効である。

⑶　リフトブラケット

　リフトブラケットは，前面にフォークを取り付けるフィンガーバーが溶接され，側面にはリフトローラーが取り付けられており，インナーマスト内面を昇降する（69ページ：**図3-1**）。

またフィンガーバー上面には，切り欠きがあり，任意の位置にフォークが固定できるようになっている。

⑷ バックレスト

複数の箱物，袋物などを一度に取り扱うパレット作業などは，フォーク上に載せた荷物が，マストの後方に落下することにより，運転者などに危険をおよぼすおそれがある。

バックレストは，これらの危険を防止するために必要であり，積荷の重心高さ（バラ積みの場合は，最上段の荷物の重心位置）が，フォークの垂直上端の高さより高い場合，マストを後傾したときの荷物の落下を防ぐため必ず取り付けなければならないと労働安全衛生規則（以下「安衛則」という）第151条の18に規定されている（**図3-1**）。

⑸ リフトチェーン

フォークを上下させるためのリフトチェーンは，フォークと同様に荷重積載時に十分な強度を必要とする（**図3-1**）。

フォークリフト構造規格第９条によって，リフトチェーンの静的強度の安全係数が５以上（リフトチェーンの破断荷重の値をリフトチェーンに係る荷重の最大値で除した値が５以上あること）なければならないと規定されている。

リフトチェーンは長時間の使用により摩耗して伸びたり，腐食により強度が低下するので日常点検が重要である。

2．油圧装置

⑴ **油圧系統**

1） 油圧回路と作動油

フォークの上昇やマストの前後傾は，それぞれリフトシリンダー，ティルトシリンダーに高圧（10〜20 MPa）の作動油を送り込んだり，圧力を抜くことによってピストンを作動させて行われる（**図3-7**）。なお，リーチタイプでは，リーチシリンダーによって，マストまたはフォークの繰出し，引込みが行われる。

この油圧回路の系統図を示したのが**図3-8**で，油圧ポンプは高圧の作動油を送り出す働きをし，その先にあるコントロールバルブを操作することによって，

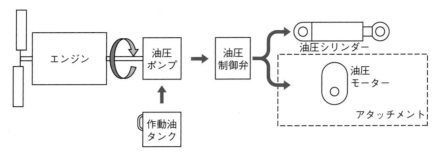

図 3-7　油圧装置の作動概要

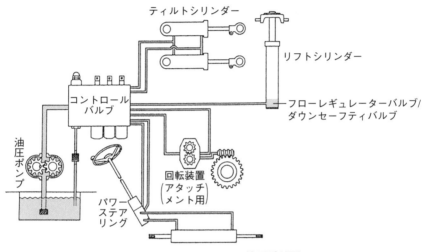

図 3-8　フォークリフト油圧系統図

リフトシリンダーまたはティルトシリンダーへの回路が通じて高圧の作動油が送り込まれて，リフト，ティルトが行われる。コントロールバルブを操作せず中立の位置にある場合は，作動油タンク内の作動油は油圧ポンプにより送り出されるが，そのままコントロールバルブを通り抜けて作動油タンクに戻る。

　この油圧回路を流れる作動油にとって最も必要な特性は，次のようなものである。

　①　粘度が適当であること

　②　あわ立ちにくいこと（消泡性）

　③　さびが生じにくいこと（防錆性）

　粘度が高過ぎると，流動性が悪いために作動不良または油の過熱を生じ，低すぎると，各部からの油漏れや潤滑不足を生ずる。

　作動油は，通常，一般的使用条件では，油温が 80℃ 程度まで上昇するから，熱による酸化安定度が良く，粘度変化の少ないものが必要となる。また，油圧ポン

プで加圧攪拌されると，激しく気泡を生じ，不快音を発することもあるので，消泡性の良いものが必要となる。

　さらに，雨天における荷役で，リフトシリンダーやティルトシリンダーを作動することにより，上部から水滴が作動油中に侵入することがあり，ピストンやシリンダーにさびを発生させ，ひいては腐食させる。したがって，ふつう，消泡剤，防さび剤などが添加されたものが使用されていることが多い。

2) フローレギュレーターバルブ

　フローレギュレーターバルブは，コントロールバルブとリフトシリンダーの間またはリフトシリンダーの底部に内蔵されて取り付けられており，フォークにかかる負荷とは関係なく，リフトシリンダーの下降速度が一定になるように制御する機構である。

3) ダウンセーフティバルブ

　ダウンセーフティバルブは，片側のシリンダーボトムに装着してある。通常の下降速度では，ダウンセーフティバルブは作動しない。

　フローレギュレーターバルブが故障したり，配管，パイプが損傷してフォークの急激な下降が生じると，流量を制御して下降速度を制限する。

⑵ 油圧ポンプ

　油圧ポンプはエンジンまたはモーターによって回転して，高圧油を送り出す，シリンダーなどの荷役装置の動力源である。

　油圧ポンプはドライブギヤとドリブンギヤ注1)の2つの歯車がポンプボディ内でかみ合って回転し，作動油タンクから作動油を吸い込み吐出側に高圧で送り出すものである。

　もし，作動油タンクの油が少なくなると，ポンプが空気もいっしょに吸い込んで，騒音を発するようになる。また，作動油中に，ごみその他異物が混入すると，油圧ポンプまたは次に述べるコントロールバルブのしゅう動部分注2)を損傷して油が漏れたり，油圧が上がらなくなることがあるので注意する必要がある（**図 3-9**）。

注1) ドライブギヤ：駆動する側の歯車。
　　 ドリブンギヤ：駆動される側の歯車。
注2) しゅう動（摺動）：接触した状態ですり動くこと。滑って動くこと。

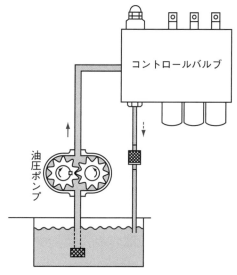

図 3-9　油圧ポンプ

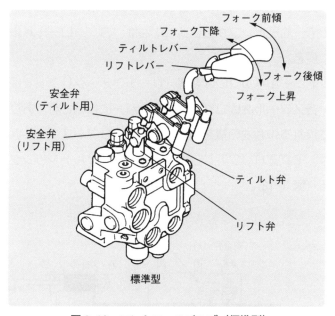

図 3-10　コントロールバルブ（標準型）

⑶　コントロールバルブ

　コントロールバルブは，油圧系統の項で説明したリフトシリンダー，ティルトシリンダーへの油圧回路を開閉するリフト弁，ティルト弁，油圧回路の異常高圧による破損を防止するための安全弁からなっている（**図3-10**）。

　リフト弁，ティルト弁は，みぞのついた棒状の弁（スプール弁）で，操作レバーを動かすことによって，弁が上下し，回路が開いたり，閉じたりする。

　電気式では，コントロールバルブ上部および下部にマイクロスイッチが取り付けられていて，操作レバーを動かすことによってマイクロスイッチが作動し，荷役用モーターが回転し，油圧ポンプより作動油が送られる。

　安全弁は，ポンプの吐出圧が規定以上の圧力になると，タンクへ戻る低圧側に作動油をバイパスさせる働きをする。例えばティルト弁を操作して，マストを前傾または後傾させていった場合，油圧ポンプから吐出される油は，ティルトシリンダーに送られていくが，最大の位置に達すると，油は行き場所がなくなって圧力が上がり，安全弁を押し開いてタンクへ戻る。このときは，音が変わるのですぐわかる（**図3-11**）。

　安全弁が作動して弁を開く圧力を，測定器もなく調整することは，異常高圧に対する安全弁としての機能を失うおそれもあり，危険であるから，触れてはならない。

　コントロールバルブの代表的な構造を**図3-12**に示す。図はフォークを上下させるリフトレバーおよびマストを前後傾させるティルトバーのそれぞれ中立状態を示している。この際，油圧ポンプから送られた油は，コントロールバルブを通り抜け作動油タンクに戻る。

　標準型のコントロールバルブには２個（リーチフォークリフトでは３個）のスプール弁がある。各スプール弁はコントロールレバーに接続されており，レバーを動かす量によって流れる作動油の量を調整している。リフトスプール弁およびティルトスプール弁は，それぞれリフトシリンダーおよびティルトシリンダーへの油圧を切り替えている（**図3-12**）。

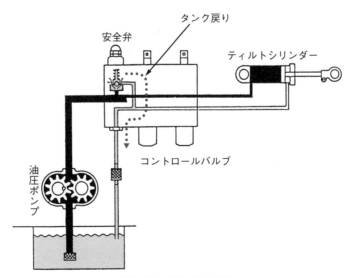

図 3-11　安全弁の作動

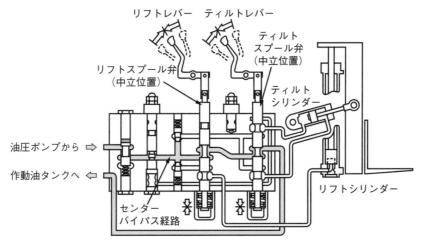

図 3-12　コントロールバルブ構造図（中立時）

⑷　リフトシリンダーおよびティルトシリンダー

　リフトシリンダーおよびティルトシリンダーの構造は，一般に**図 3-13** および**図 3-14** に示すように，シリンダーと合成ゴムのパッキンを装着したピストンなどから構成されている。

　パッキンはシリンダー内面をしゅう動しながら，高圧の油が漏れないようにする機能をもっており，シリンダーの内面は，精密に仕上げられ，また，ピストンロッドにはメッキ仕上げがされているので，運転中，誤ってリフトシリンダーやピスト

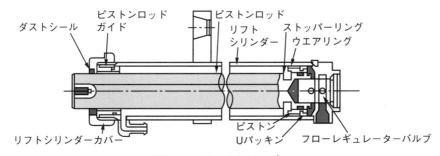

図 3-13　リフトシリンダー

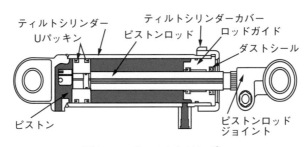

図 3-14　ティルトシリンダー

ンロッドに傷を付けると高圧の油が漏れたりして，フォークの上下作動に支障をきたすので，注意しなければならない。

(5) 荷役装置の最近の傾向

荷役装置では，安全性や操作性を向上する目的でマスト制御を行う例があるので以下に紹介する（**図3-15**）。

① マスト前傾角度制御

許容荷重とマスト揚高の状態によりマスト前傾角度を規制し，不用意に前傾操作した時などに積荷の落下の危険性を低減する。

② マスト後傾速度制御

高揚高でのマスト後傾速度を遅くし荷崩れを防止する。

③ フォーク自動水平制御

フォークを抜き差しする時にフォークを水平にする。

④ キーオフリフトロック

キーオフ時にリフトを下降できなくする。

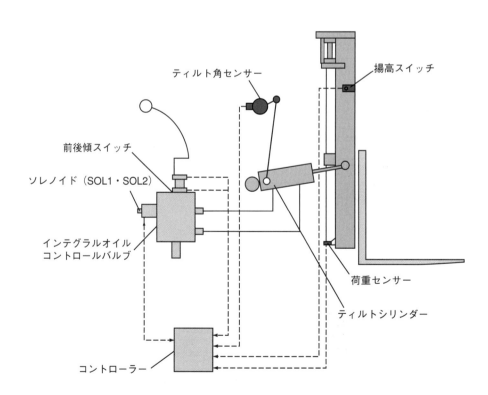

図3-15 マスト前（後）傾角度制御機構

3. 付属装置（アタッチメント）

　フォークリフトのフォークの寸法，形状は，パレット作業に便利なようにできている。このフォークの代わりに，取り扱う品物に適した特殊な付属装置（一般に，「アタッチメント」と称している）が種々開発されており，これによって，フォークリフトは荷役機械の中でも，特に広い応用範囲をもっている。

　アタッチメントは，フォークに取り付けたり，フォークの代わりに装着される簡単な器具のようなものと，油圧機構を用いて特殊な動作をさせるものとに大別される。後者の装置にあっては，この油圧機構をコントロールするためのコントロールバルブが必要になる。

　アタッチメントの種類等については，JIS D 6201「自走式産業車両─用語」に掲げられており，そのうち現在比較的広く利用されているアタッチメントとしては，**図 3-16**～**図 3-32** のようなものがある。

形状が大きくフォークに載らない荷物用で，フォークに差し込んで用いる。荷重中心が離れるほど許容荷重は低下するので，フォークリフトに貼付されている許容荷重を守り，安全作業をすること。

図 3-16　さやフォーク

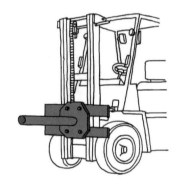

円筒状の荷物にラムを差し込んで運搬。狭い通路などでも大きな機動力を発揮するが，安定度が悪化するので，重量物を扱う時は，荷物をラムの根元まで挿入して走行すること。長尺の荷役物を扱う時は，周辺の作業者や設備に接触しないよう，旋回時のスペースを十分確保すること。

図 3-17　ラム

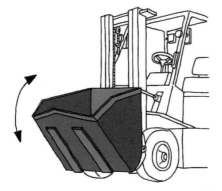

土砂や砂利などのバラ物の運搬に用いられる。荷役運搬作業のつど，質量が異なるため質量の確認をして使用する。

図 3-18　バケット

パレット使用が不可能な運搬でも吊り下げ機能で対応できる。積載走行時，急旋回すると車両が不安定となり，最悪の場合転倒する危険性がある。

図 3-19　クレーンアーム

原木などの運搬に用いる。バケット装着によりバラ物の運搬も可能なアタッチメント。バケットを装着すると許容荷重が低下するので，装着時の許容荷重を確認する。フォークの下向き角度が大きいので，フォーク先端が地面に当たらないよう注意すること。

図 3-20　ヒンジドフォーク

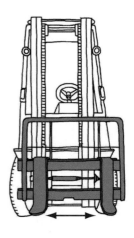

フォークがフィンガーバーごとに左右にシフトし，荷物の的確な位置決めが可能。サイドシフトすると偏荷重の状態になり許容荷重が低下するので許容荷重を確認し，フォークをシフトさせた状態での積載走行はしないこと。

図 3-21　サイドシフト

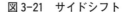

フォークが360度回転し，ボックスパレットに積み込んだバラ物の放出も容易にできるが，フォークを急回転させると，積荷の変動によりマストがよじれたり，最悪の場合転倒する危険性があるので注意。

図 3-22 回転フォーク

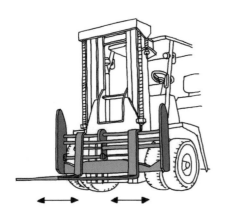

レバー操作でフォーク間隔を調節。パレットや荷物の幅が不揃いな荷役作業でも対応が可能。フォークを片側へ過度の移動をした状態では荷役作業を行わないこと。

図 3-23 フォークポジショナー

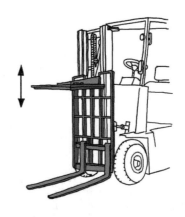

ビン類などの複数の荷物を積んでパレット作業をするとき，上から押さえて荷崩れを防ぐもの。積載時は前方視界が悪くなるので後進走行し，荷崩れを起こすので急旋回はしないこと。

図 3-24 ロードスタビライザー

ロール紙などをつかみ，横置きのものを縦置きに積み替えることができる。回転時には偏荷重が生じるので荷物の中心を挟むようにし，クランプを上昇させた状態では回転させないこと。

図 3-25 回転クランプ

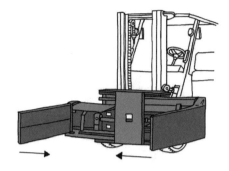

原綿など弾力性のある荷物を両側からはさんで運搬できる。荷役運搬中の落下または変形を防ぐため，クランプ圧を荷物に対し適正にセットして使用すること。偏心状態で荷物を上昇させると，車両に無理な力が加わり，最悪の場合転倒する危険性があるので注意。

図 3-26　クランプ

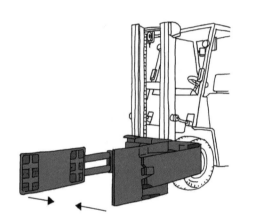

ドラム缶専用。ドラム缶を確実にクランプでき，ドラム缶荷役に効果を発揮する。ただしドラム缶の２段積みは，確実なクランプ力が得られず，ドラム缶が落下する危険性があるので行わないこと。ドラム缶以外の荷物をクランプすると落下や変形の原因になる。

図 3-27　ドラムクランプ

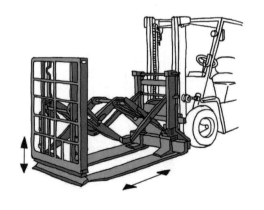

シートパレットに載せたセメント袋，米袋などの荷物を扱うアタッチメント。プラテン（積載台）をシフトした状態で積載走行すると不安定となり危険なため，荷役作業後は，プラテンを車両の中心に戻すこと。

図 3-28　プッシュプル

原木を引き寄せて，フォーク上へ積込み可能。荷役運搬作業のつど，質量が異なるため質量の確認をして使用すること。フォークの下向き角度が大きいので，フォーク先端が地面に当たらないよう注意する。

図3-29　ウインチ付ヒンジドフォーク

貨車，トラックへの片側からの積込みも，奥いっぱいまで可能。

図3-30　リーチフォーク

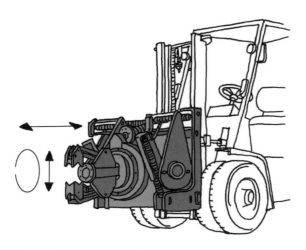

鍛造物などをつかみ，回転させるためのアタッチメント。

図3-31　マニプレーター

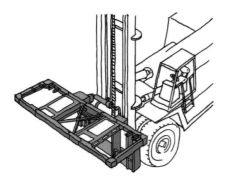

コンテナ上部の四隅にピンを差し込み，ロックして吊るす。アームはコンテナの大きさにあわせて伸縮できる。積荷（コンテナ）が車両に固定され，かつ長尺なため，急旋回や急制動すると転倒しやすく危険。また，トップリフト式では積荷の落下を防止するため，4点ロックが確実に締結していることを確認して作業すること。サイドリフト式では，重量のわりに体積が大きく，風の影響を受けやすいため，風の強い日には転倒の危険性があるので注意。

図 3-32　スプレッダー

4.　パレット

　フォークリフトで荷を取り扱う場合，数量の多い荷を１つの単位として取り扱うことのできるパレットを利用することが多い。パレットを利用して物品を荷役・運搬し，保管したり輸送する作業方式を「パレチゼーション」といい，能率のよい近代的方法として広く普及している。

　パレットを上手に使うことが，フォークリフトの運転者として必要であり，日本産業規格に各種のパレットについて規定があるのでそれをもとに簡単に説明する。

⑴　パレット各部の名称

1)　デッキボード

　上面および下面を構成する板状の部材を「デッキボード」といい，特にパレットの両端にあるものを「エッジボード」という。

2)　けた

　パレットの全長にわたりデッキボードを結合して支持し，差込口を構成する部材をいう。また，デッキボードとブロックを結合する板状の部材を「けた板」という。

3)　ブロック

　四方差しパレットの差込口を構成する柱状の部材をいう。

4)　差込口

　フォークやパレットトラックのフォークなどを差し込むパレットの開口部をいう。

5)　面取り部

　フォークやパレットトラックのフォークを差し込みやすくするために，デッキボードの端部に傾斜をつけた部分をいう。

6) 翼

　デッキボードが，パレット両端から突出している場合に，この部分を「翼」という。クレーン用器具によって吊り上げるために設けられたもの。

7) 長さ，幅および高さ

　けたまたはけた板の長さ方向の寸法をパレットの長さといい，これと直角方向の寸法をパレットの幅という。

　また，接地面から積載面（荷を載せる面）または上部構造物までの寸法をパレットの高さという。

(2) パレットの形式と種類

　パレチゼーションの普及によって，使用されているパレットの種類も，千差万別であるが，大別すると，「平パレット」「ボックスパレット」「ポストパレット」および「シートパレット」の4種類に分けられる。

　また，材質については，木製の平パレットが一般的に広く使用されているが，金

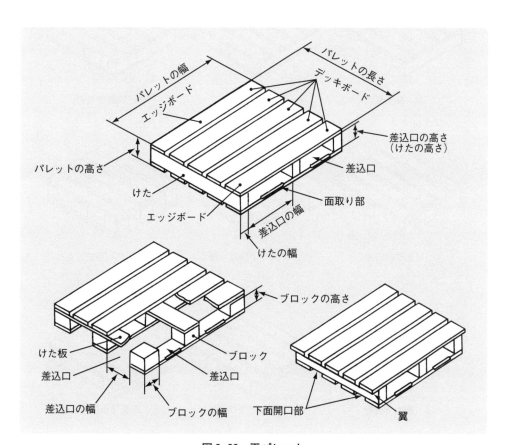

図3-33　平パレット

属製やプラスチック製のパレットも普及している。

1) 平パレット

　　図3-33に示すような上部構造物のないフォークなどの差込口をもつパレットをいう。

　　平パレットは，形式別に，図3-34のように9種類に分類される。

㋐　単　面　形

　　デッキボードが上面だけにあるもので，一般に荷物を積んだままの積み重ねはしない。

㋑　片面使用形

　　デッキボードは両面にあるが，積載面は片面のみで，下面はデッキボードの間隔（下面開口部という）が広くなっている。

　　荷物を積み付けたまま，2段あるいは3段と積み重ねができるが，袋入りの

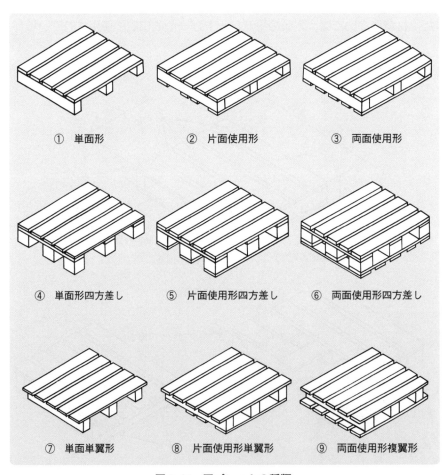

① 単面形　　　　② 片面使用形　　　　③ 両面使用形

④ 単面形四方差し　⑤ 片面使用形四方差し　⑥ 両面使用形四方差し

⑦ 単面単翼形　　⑧ 片面使用形単翼形　⑨ 両面使用形複翼形

図3-34　平パレットの種類

荷物などの場合，下面デッキボードの間が大きいため，荷物を傷つけないよう注意する必要がある。

㈡ 両面使用形

デッキボードが両面にあり，かつ，両面とも荷物の積載面として使用できるものである。いろいろな荷姿の荷物でも積み重ねができ，また，ローラーコンベヤ上を移動させることもできる。

㈢ 翼　　　形

翼のついたパレットをいい，片面だけに翼があるものを「単翼形パレット」，両面に翼があるものを「複翼形パレット」という。

㈣ 二方差し

差込口が相対する2方向だけにあるパレットをいう。

㈤ 四方差し

差込口が前後左右の4方向にあるパレットをいう。また，フォークなどを差し込むために，けたをくり抜いて，補助的に差込口を設けた四方差しパレットもあり，これを「けたくり抜きパレット」という。

2) ボックスパレット

ばら物等を運搬するために，パレットの上部の3面または全面に鉄板，パイプ，金網等による囲いを設けたもので，囲いは固定式のほかに取り外しや折りたたみの可能なものがあり，ふた付きのものもある（**図 3-35**）。

3) ポストパレット

支柱をもつパレットをいい，支柱には，固定式，取外し式，折りたたみ式があり，横さんをもつものもある（**図 3-36**）。

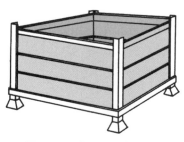

図 3-35　ボックスパレット

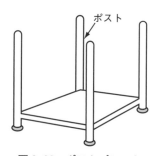

図 3-36　ポストパレット

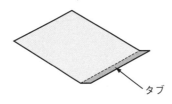

図 3-37　シートパレット

図 3-38　スキッド

4)　シートパレット

　　主として，プッシュプル装置付フォークリフト（82 ページの**図 3-28**）によって荷役されるシート状のパレットで，プラスチック系のものが多く使用されている（**図3-37**）。

5)　スキッド

　　スキッドは，主としてハンドリフトによって荷役できるように作られた単面形パレットで，一般には，中央のけたがなく，両端のけたと上面のデッキボードから構成されているものをいう（**図 3-38**）。

(3)　パレット積付けパターン

　パレットに荷物を積み付ける際の配列の方式には，通常次の 4 種類がある。

1)　ブロック積み

　　各段の積付けの形と方向がすべて同じ方式をいう。「棒積み」または「列積み」ともいう（**図 3-39**）。

2)　交互列積み

　　1 つの段では物品はすべて同じ方向に並べられるが，次の段では，90° 方向を変えながら交互に積み重ねる方式をいう（**図 3-40**）。一般的に荷割れしにくく，安定性がよい。

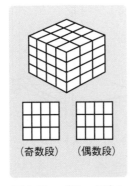

（奇数段）　（偶数段）

図 3-39　ブロック積み

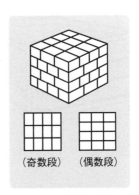

（奇数段）　（偶数段）

図 3-40　交互列積み

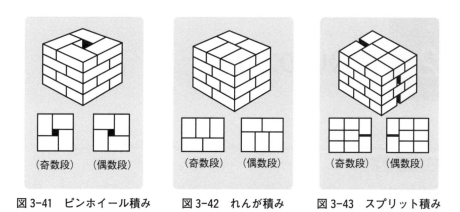

図3-41　ピンホイール積み　　図3-42　れんが積み　　図3-43　スプリット積み

3)　ピンホイール積み

　　中央に空間を設け，それを取り囲み，風車形に積み付ける方式をいう。通常各段を交互に向きを変えながら積み重ねる（**図3-41**）。

4)　れんが積み

　　1つの段では物品を縦横に組み合わせて積み，次の段では，これを180°方向を変えながら交互に積み重ねる方式をいう（**図3-42**）。

　　また，れんが積みの場合に物品相互間に空間ができるものを「スプリット積み」という（**図3-43**）。

第2章 # 取扱いの方法

この章のまとめ

・この章ではフォークリフトの荷役に関する操作および心得について，その基本と特徴を学ぶ。

・ピックアップ操作での荷役時および走行時の取扱い留意点の基本を理解し，積付けおよび積おろしの各操作における操作手順と留意点について学び安全作業を心掛ける。

1．ピックアップの操作および心得

(1) 平たん路面における取扱い

1) 荷役時の操作

　(ア)　運搬する荷を荷役する場合の動作は次の順序に従って行う。

　　① 運搬しようとする荷の近くにきたら速度を安全な速度まで落とし，フォークリフトを荷に対してまっすぐに向ける。

　　② 荷の手前でいったん停止して駐車ブレーキを掛け，ギヤをニュートラルまたは前後進切替えレバーを中立に戻してからマストを垂直にする。

　　③ パレットにフォークを差し込むときは，フォークの差込み位置を確認後，ゆっくり前進しフォークを差し込む。

　　　その場合，フォークはパレットに対して絶えず平行を保ちながら，差し込む。フォークがパレットをこすりながら，またはこじるような形で操作しない。

　　　フォークは根元までいっぱいに差し込み，荷がフォークの垂直部前面またはバックレストに軽く接触する状態にする（**図3-44**）。この場合，パレットにフォークを差し込んだ際，引きずったりしてはならない。

　(イ)　床に置かれた荷を持ち上げるときは，次の順序に従って行う。

　　① いったんパレットを床面より5～10 cm 持ち上げ，荷の安定状態，フォー

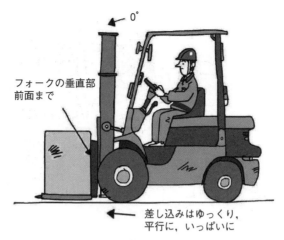

図 3-44　荷役時の操作(1)

図 3-45　荷役時の操作(2)

クに対する偏荷重がないかなどを確かめる。

②　異常のないことを確認した後，マストを最後傾し，パレットの底面を床面
より約 15～20 cm の位置にした姿勢で発進・走行する（**図 3-45**）。

パレットを持ち上げるときは，いきなりティルト機構を使って，持ち上げ
たりしてはならない。

2)　荷役時の留意点

(ア)　パレットに載せてある荷は，安全かつ確実に積付けされているかを確認する
（**図 3-46**）。

破損したパレットは使わない。また，不安定な積付けまたは荷崩れのおそれ
がある場合には，ロープや梱包用ラップなどで荷崩れや荷の落下防止の処置を

図 3-46　積付け状態は必ず確認

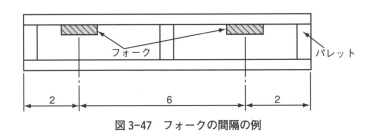

図 3-47　フォークの間隔の例

　　講じた後，荷役する。人を乗せ，つかまえさせて荷崩れや荷の落下を防ぐような行為をしてはならない。

(ｲ)　フォークの取付けの間隔は横方向の安定をよくするため，できるだけ広いほうが好ましいが，積荷の状態，パレットの種類などにより条件が異なるので，そのつど，できるだけ安全な位置まで移動して使用する。通常，パレットの幅の２分の１以上，４分の３以下程度とするのがよい（**図 3-47**）。

(ｳ)　比較的重い荷（重量物）などを一度に持ち上げまたは移動する場合，フォークの先端をてこ代わりに使用したり，フォークの先端で直接重量物（例えば貨車）を押したり，ティルト機構を使用して物を引っ張ったりしてはいけない（**図 3-48**）。

(ｴ)　パレットからフォークを抜き取るときも，入れるときと同様に，接触またはこじれがないように操作する。

(ｵ)　フォークを荷に差し込んだときタイヤをスリップさせたり，トルクコンバーターがむやみにストール状態（出力軸の停止状態での連続回転）にならないよ

図 3-48　フォーク先端で押したりこじると危険

うに注意する。

㋕　フォークリフトを運転する場合，荷重曲線に示す許容荷重を超える荷重の荷を積載してはならない（安衛則第 151 条の 20）。フォークリフトの後部に重量物や人を乗せるなどにより，許容荷重を超える荷を扱ってはならない（**図 3-49**）。

(2)　**走行時における取扱い**

㋐　フォークリフトは積荷の状態で走行しているときは，荷崩れ等につながるのでスピードを出し過ぎてはならない。積荷や路面状態などに応じて安全な速度で走行する。不整地，狭い通路，坂道などの急発進，急ブレーキ，急旋回等は危険性が特に大きいから注意する（**図 3-50**）。

図 3-49　許容荷重は厳守

図 3-50　不整地や狭い通路は要注意

図 3-51　視界が取れないときは後進で

図 3-52　路面には十分注意

(イ)　フォークリフトは前方の見通しが悪いので，前後，左右に十分注意すると同時に，積荷が大きく視界を著しく阻害するときには（**図 3-51**），次のような措置を必要とする。

①　誘導者をつけて走行する。

②　後ろ向きになって後進する。

(ウ)　倉庫，上屋などの出入口または屋内作業場では，路面の凹凸，傾斜，軟弱な地盤等により，マストを上方に突き上げ，フォークリフトの損傷や転覆，積荷の転落，建物の破損などの思わぬ事故を起こすおそれがあるから路面には十分注意する（**図 3-52**）。

(エ)　フォークリフトは積荷の状態で必要（20 cm）以上にリフトし，またはマストを垂直か，それ以上の前傾状態で走行してはいけない。また，後輪が浮くような状態で走行してはならない。

(オ)　フォークやフォークなどにより支持されている荷の下に，人を立ち入らせてはならない（安衛則第 151 条の 9）。

(カ)　後輪がかじ取り装置になっており，旋回する場合には，後輪が外側に大きく回るため，人や建物に接触または衝突しないようにゆっくり旋回する（第 2 編 **図 2-54**）。

(キ)　フォーク，パレット，バランスウエイトなど，運転席以外の箇所に人を乗せて走行してはいけない（安衛則第 151 条の 13）（**図 3-53**）。

図3-53 運転席以外には人は乗せない

(3) **坂道における取扱いの留意点**

1) 積荷状態で坂道を走行するときは，次の点に注意する。

(ア) 急な坂を登るとき，登り口付近でフォークの先端またはパレットの底部が路面に接触しないことを確認し，接触しそうであったら接触しないよう上昇させる。このとき必要以上に上昇させないこと。

(イ) 坂道の傾斜面に沿って，横向きに走行したり，方向転換したりしない。横転のおそれがある。

(ウ) 坂道を上り，下りするときは荷が坂の上方になるようにする（**図3-54**）。荷が坂の下方にあると荷崩れにつながる（**図3-55**）。

(エ) 坂を下る際には，エンジン式では，エンジンブレーキを利用し，電気式およびトルクコンバーター式では，足ブレーキを掛けゆっくり運転する（**図3-54**）。

図3-54 荷物は坂の上方にあるように

図3-55 荷が坂の下方にあると荷崩れする

2) 荷を積まない状態で坂道を走行するときは次の点に注意する。

(ｱ) 急な坂道を上る場合，駆動輪重の変化に伴い駆動輪が空回りすることがあるので，カウンターバランスフォークリフトでは後進，リーチフォークリフトでは前進で運転する。

(ｲ) 坂道を下る場合，制動輪重の変化に伴う制動力の低下を防止するため，カウンターバランスフォークリフトでは前進で運転し，リーチフォークリフトでは後進で運転する。

(4) 夜間作業における取扱いの留意点

(ｱ) 夜間，フォークリフトを運転する場合は，前照灯または後照灯，その他の灯火を利用し，現場全体を極力明るくして，安全に作業を行う（安衛則第 151 条の 16）。

(ｲ) 夜間は，遠近感や土場の高低が不明確となり，はなはだしい錯覚を起こしやすいので，特に周囲の人や障害物に注意し，安全なスピードで運転する。

(ｳ) 昼間はもとより，特に夜間運転の際は，絶えず運転台の各計器類に注意し，危険な状態が起こらないように留意する。

(5) 駐車時における取扱い

フォークリフトを離れる場合には，駐車ブレーキを完全に掛け，変速レバーを中立にし，フォークなどを床面に降ろし，原動機を止めておくこと。

なお，キーを忘れずに抜いておくこと。

2．積付けの操作および心得

(1) 積付けの操作

荷の棚などへの積付けは，次の順序で行う。

① 積付けする棚の近くにきたら，速度を安全な速度まで落とし，フォークリフトを棚に対してまっすぐ向ける。

② 棚の手前でいったん停止して駐車ブレーキをかける。

③ 棚に荷崩れ，破損などの危険がないかを確認する。

④ マストを垂直にし，フォークを水平にして，積み付ける棚より 5～10 cm ほど上まで上昇させる。

⑤ 積付け位置をよく確認してから，パレットの端部が棚から5〜10 cm ほどはみ出る位置までゆっくり前進しておろす。

　　リーチフォークリフトでは，リーチレグの先端が棚から10〜20 cm ほど手前まで車両をゆっくり前進させ，その後リーチ操作でパレットの端部が棚から5〜10 cm ほどはみ出る位置までマストをゆっくり押し出しておろす。マストを押し出した状態で車両を走行させてはならない。

⑥ ゆっくり後進してフォークを10〜20 cm ほど引き抜き，再び上昇させて，所定の積付け位置までゆっくり前進しておろす。

　　リーチフォークリフトでは，リーチ操作でフォークを10〜20 cm ほど引き抜き，再び上昇させる。その後リーチ操作で所定の積付けの位置までマストをゆっくり押し出しておろす。

(2) 積付けの留意点

(ア) 荷を上昇させた状態では，車両から降りたり離れてはいけない。

(イ) フォークやパレット，その他運転席以外の箇所には人を乗せてはならない（安衛則第151条の13）（**図3-56**）。

(ウ) 堅固な（具体的な構造，強度は安衛則第151条の17に規定してある）ヘッドガードを備えたフォークリフトを使用する（**図3-57**）。

(エ) バックレストを備えたフォークリフトを使用する（安衛則第151条の18）。

図3-56　人が乗るのは運転席だけ

図3-57　ヘッドガードが身を守る

3．積おろしの操作および心得

棚などに積み付けられた荷の積おろしは，次の順序で行う。

① 棚の近くにきたら，速度を安全な速度まで落とし，フォークリフトを棚に対してまっすぐに向ける。

② 棚の手前でいったん停止してブレーキを掛ける。

③ 積付けしてある荷が荷崩れその他の危険がないかを確認する。

④ マストを垂直にし，フォークを水平にしてパレットの位置まで上昇させる。

⑤ フォーク差込み位置をよく確認してから，ゆっくり前進してフォークを差し込む。

　　リーチフォークリフトでは，リーチレグの先端が棚から10〜20cmほど手前まで車両をゆっくり前進させ，その後リーチ操作でマストをゆっくり押し出してフォークを差し込む。

⑥ 棚面から5〜10cmほど上昇させ，パレットの端部が棚から5〜10cmほどはみ出る位置までゆっくり後進して，いったんおろす。

　　リーチフォークリフトでは，リーチ操作でパレットの端部が棚から5〜10cmほどはみ出る位置までマストをゆっくり引き込んでいったんおろす。マストを押し出した状態で車両を走行させてはならない。

⑦ ゆっくり前進して，荷がフォークの垂直面またはバックレストに軽く接触するまでフォークを差し込み5〜10cmほど上昇させる。

　　リーチフォークリフトでは，荷がフォークの垂直面またはバックレストに軽く接触するまでリーチ操作でフォークを差し込み5〜10cmほど上昇させる。

⑧ パレットまたはフォークの先端が棚に掛からない位置までゆっくり後進する。

　　リーチフォークリフトでは，リーチ操作でマストをいっぱいに引き込み，その後，荷またはフォークの先端が棚に掛からない位置までゆっくり後進する。

⑨ 床面より5〜10cm程度の高さまでおろし，マストを最後傾させ，パレットの底面を床面より約15〜20cmの位置にした姿勢で目的の場所に移送する。

　　リーチフォークリフトでは，リーチレグ上面から5〜10cm程度までおろし，フォークを最後傾させ，目的の場所に移送する。

第4編

フォークリフトの運転に
必要な力学に関する知識

第1章 力

> ### この章のまとめ
> ・この章ではフォークリフトの各部に働く力について学ぶ。
> ・各部に働く力を合成したり，分解することで，力がどの方向にどれくらいの
> 　大きさで作用するかを知る。
> ・力のモーメントやつり合いを学び，フォークリフトの安定や転倒について理
> 　解する。

1. 力

　おもりのついた細いひもを**図4-1**のように指先に吊るすと，おもりは，まっす
ぐに吊り下がり，手はおもりの重さで下方に引かれる。また，そのおもりの大きさ
を変えると，手は違った強さを感ずる。この手に感ずる強さを，力学上では「力」
という。

　この力には，「大きさ」，「方向」および「作用点」の３つの要素があり，これを
「力の３要素」という。

　この要素をひもとおもりの例でいえば，力の方向はおもりをまっすぐに吊るした
ひもの向きであり，力の大きさは指に感じた強さであり，力の作用点はひもを付け
た指になる。すなわち，力は手の指を作用点として，ひもの方向に，おもりとひも

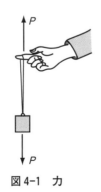

図4-1　力

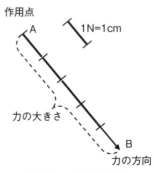

図4-2　力の作用線

の重量に等しい合計の大きさで働いたということである。

　力を図で表す方法は，**図4-2**で示すように，力の作用点Aから，力の方向に線分ABを描き，B点に矢印をつけて力の向きを示し，ABの長さを力の大きさに比例した長さ（例えば，1Nを1cmの長さに決めておけば，5cmの長さは5Nということになる）にとる。この直線ABを「力の作用線」という。

⑴　力の単位

　1kgの質量を持つ物体に$1m/s^2$の加速度を生じさせる力の大きさを1N（ニュートン）と定め，これを力の単位としている。1Nを基本単位で表すと$1N=1kg \cdot m/s^2$となる。

⑵　力の合成

　物体に2つ以上の力が作用しているときには，その2つ以上の力を，それとまったく同じ効果を持つ1つの力に置き換えることができる。この置き換えられた1つの力を，前の2つ以上の力の「合力」といい，その合力に対し，前に物体に作用していた2つ以上の力をそれぞれ「分力」という。

　このように，いくつかの力の合力を求めることを「力の合成」という。**図4-3**のように，力の大きさと向きの異なった2つの力P_1とP_2とがO点に作用するときの合力はP_1，P_2を2辺とする平行四辺形の対角線ODとして，その大きさおよび向きを求めることができる。これを「力の平行四辺形の法則」という。**図4-4**のように1点に3つ以上の力が作用している場合の合力も，上述の方法を繰り返すことによって求めることができる。

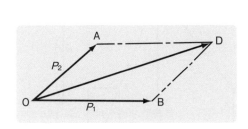

図4-3　力の合成

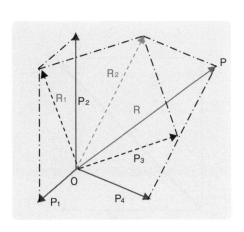

図4-4　多数力の合成

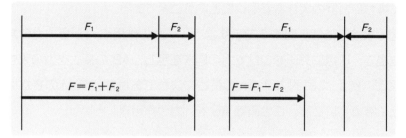

図 4-5 一直線上に作用する 2 つの力の合成

図 **4-5** のように，2 つの力が一直線上に作用するときは，この合力の大きさ F は，それらの和（同方向の力）または差（反対方向の力）で示される。

(3) 力の分解

力の平行四辺形の法則を利用して，1 つの力を互いにある角度をなす 2 つ以上の力に分けることもできる。例えば，**図 4-6** の力 F は，力 P_1 と P_2 とに分けられる。

このように，1 つの力を互いにある角度をなす 2 つ以上の力に分けることを「力の分解」という。

(4) 平行力の合成

物体に作用する 2 つの平行した力の合力を求める場合を考えてみよう。

物体上の A 点および B 点にそれぞれ平行な力 P_1 と P_2 が作用しているとする。いま**図 4-7** のように，向きが反対で大きさの相等しい力 P_3，$-P_3$ をそれぞれ A 点と B 点に作用したと仮定しても，物体に与える効果に変わりはない。そこで，P_1 と P_3 および，P_2 と $-P_3$ の合力をそれぞれ $P_1{}'$ および $P_2{}'$ とし，さらに $P_1{}'$ と $P_2{}'$ の合力 R を求めると，R は P_1 と P_2 の合力である。物体に作用する 2 つの平行

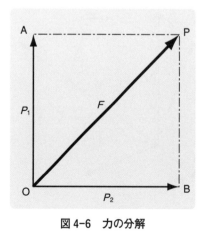

図 4-6 力の分解

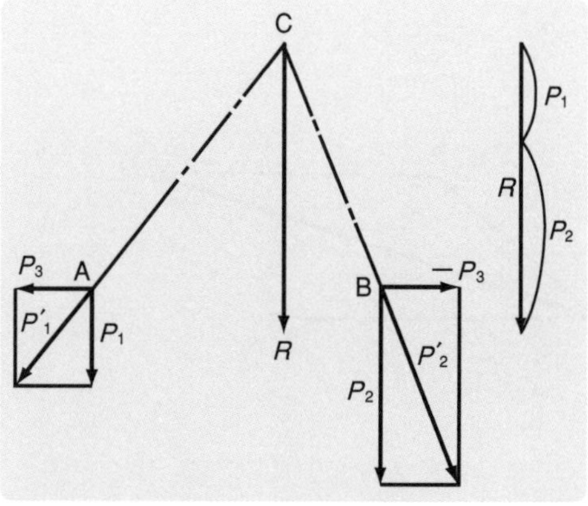

図 4-7 平行力の合成

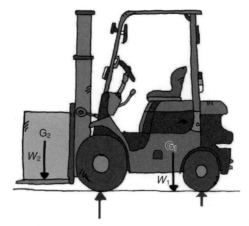

図 4-8　フォークリフトに作用する力

した力の合力は，大きさはその和であり，方向は２つの力に平行である。

　フォークリフトが荷物を積んで静止している場合について考えてみよう。

　すなわち，フォークリフト自体の質量による重力 W_1 は，その重心 G_1 を作用点として，垂直に働いている。フォークで支えられた荷物の質量による重力 W_2 は，同じくその荷物の重心 G_2 を作用点として，垂直に働いている。この２つの力は，平行した同じ方向の力であって，この合成された力がフォークリフトの４輪で支えられている（**図 4-8**）。

2. 力のモーメント

　ナットをスパナでしめるとき，スパナの柄の端に近いところを持ってしめた方が同じ強さの力でもよくしまる。また，力を加える方向がスパナに直角のときに最大になる。てこで物を起こす場合は，長い棒を使って，物の方にできるだけ支え物を近づけ手もとを長くして起こした方が，より大きな力が出る（**図 4-9**）。このことは，スパナに力を加えた作用点と柄の長さおよびてこの場合の手元の棒の長さに関係があるからである。

　いま，**図 4-10** において１つの力 P の方向を AP とし，ある点 O よりこれに垂直線 OA を引き，その長さを ℓ とすれば，力 P が O 点に対して回転運動を与えようとする作用は，力 P と ℓ なる長さの積 $P\ell$ をもって表される。このかけ合わせた $P\ell$ を力 P の点 O に対する「モーメント」という。

　すなわちモーメントとは，力と距離との積であって，その単位は N・m，kN・m

図 4-9　てこ

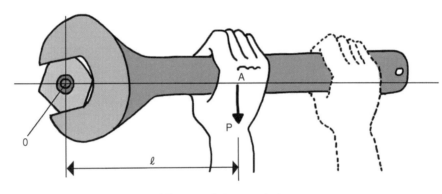

図 4-10　力のモーメント

などで表される。

　フォークリフトについて，このモーメントを考えてみよう（**図 4-11**）。

　いま，フォークリフトが質量 W_2kg の荷物をフォークに積んでいるとする。フォークリフト自体の質量を W_1kg とすれば，その質量はフォークリフトの重心（または質量中心）G_1 にかかっているとみてよいので，その重心 G_1 からフォークリフトの前輪までの距離を ℓ_1m とすれば，前輪に対するフォークリフト自体のモーメントは9.8 $W_1 \ell_1$N・m[注]である。一方，積荷のモーメントは，積荷の重心から垂線を下し，前輪までの水平距離を求めて ℓ_2m とすると，前輪に対する積荷のモーメントは9.8 $W_2 \ell_2$N・m である。

注）　9.8 は重力の加速度（m/s²）であり，ここでは物体の質量（kg）を荷重（N）に換算するための係数である。

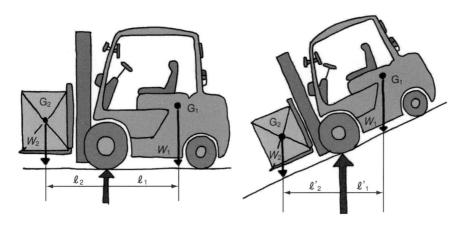

図 4-11　通路が平坦な場合と下り坂の場合の安定

したがって，フォークリフトが前に倒れることのないようにするためには，次の不等式を満足することを要する。

$$W_1\,\ell_1 > W_2\,\ell_2 \quad または \quad \frac{W_1\,\ell_1}{W_2\,\ell_2} > 1^{注)}$$

すなわち，$W_2\,\ell_2$ は常に $W_1\,\ell_1$ より小さくなければ，そのフォークリフトは運転できない。さらに，下り坂をフォークリフトの前進で下るときは，重心の高さによって，$\ell'_1 : \ell'_2$ の長さの比が変わるので，モーメントの値が変わり，転倒しやすい状態になる。この場合，

$$W_1\,\ell'_1 > W_2\,\ell'_2 \quad または \quad \frac{W_1\,\ell'_1}{W_2\,\ell'_2} > 1$$

でなければならない。

3. 力のつり合い

運動会の綱引きのとき，両方の組の力が等しいときは，綱の中心点は左右のいずれにも移動しない。

おもりのひもを天井のはりに結びつけてつるすと，おもりはまっすぐに下方につるされて止まる。

この場合，おもりは重力でひもを下方に引っ張っているが，天井のはりは，その

注)　$W_1\,\ell_1 / W_2\,\ell_2$ を「前後安定比」と呼び，通常のカウンターバランスフォークリフトは 1.3 〜1.5 程度である。

重力の方向と正反対の同じ強さの力で，ひもを引っ張っているからである。綱引きの場合でも同様に，綱には力が加えられているが，綱の中心を境にして，全く等しい正反対の力が働き合うときは，その中心点は動かない。これらを「力のつり合い」状態にあるという。

　物体に力が作用していて，その物体が等速直線運動を続けている間においても，「力がつり合っている」という。

⑴　１点に作用する力のつり合い

　１物体に，多数の力が同時に働くときには，それらの力の合力が働いた場合と同じである。

　例えば，**図4-12**のように，7，8，9，10 N の４つの力が物体の１点に働くときは，abcde と描いて，a と e を結べば，その ae は４つの力の合力であり，その向きは ae の方向である。すなわち，４つの力が同時に働くときと合力 ae が働くのとはまったく同じであるので，これと大きさが同じで，方向は逆の力（**図4-12**点線の力⑸）が作用すると物体は移動しない。このような場合に，それらの力は「つり合っている」という。

　もしも，初めの点 a と終わりの点 e とが重なって，ae が０となれば，合力は０であって，その結果は力が少しも働かないときと同じ状態になる。

⑵　平行力のつり合い

　天びん棒で荷を担う場合，両方の荷の重さが等しいときは天びん棒の中央を担うが，荷の重さが異なると重い荷の方を肩に近寄せる。これはモーメントをつり合わせるための工夫である。

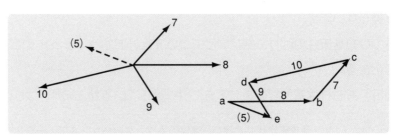

図4-12　１点に作用する力のつり合い

　すべての正のモーメント[注]の合計がすべての負のモーメント[注]の合計に等しいとき，すなわち，物体に作用するすべての力のモーメントの和（代数和）が0に等しいときは，回転の軸を持つ物体はつり合っているといえる。

　図4-13において，肩を軸とする力のモーメントを考えよう。いま，荷の重さをそれぞれ P_1，P_2，荷を下げた点と肩との水平距離をそれぞれ a，b とすれば，

　　　左側のモーメントは $M_1 = -P_1 \times a$

　　　右側のモーメントは $M_2 = P_2 \times b$

　この力関係を図示すると**図4-14**になる。O点のまわりのモーメントのつり合いの条件から，

$$M_1 + M_2 = 0$$
$$-P_1 \times a + P_2 \times b = 0$$
$$P_1 \times a = P_2 \times b$$
$$P_1 \times a = P_2 \times (\ell - a)$$
$$a \times (P_1 + P_2) = P_2 \times \ell \quad となり$$
$$a = \frac{P_2}{P_1 + P_2} \times \ell \quad となる。$$

　すなわち，天びん棒を荷の重さ P_1，P_2 の逆比に内分したところに肩をもってくれば，天びん棒はつり合う。もちろん肩は $P_1 + P_2$ の重さを支えているのである。

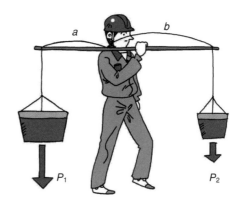

図4-13　天びん棒でのつり合い

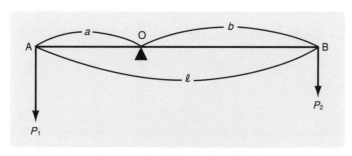

図4-14　天びん棒がつり合う条件

[注]　「正のモーメント」とは時計の針のような右回りのモーメントをいい，その逆で左回りのモーメントを「負のモーメント」という。

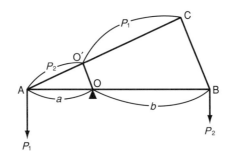

図 4-15　天びん棒がつり合う点を求める図式

　例えば，天びん棒の前の重さ（P_2）を 196 N（20 kg×9.8 m/s²），後ろの重さ（P_1）を 392 N（40 kg×9.8 m/s²）とすると，2 m の天びん棒の場合，

$$a = \frac{196\,\text{N}}{392\,\text{N}+196\,\text{N}} \times 2 \fallingdotseq 0.67$$

となり，後ろ側に 0.67 m の位置で担（にな）えば天びん棒はつり合うことになる。

　図 4-15 は，天びん棒 AB を荷の重さ P_1，P_2 の逆比に内分する点，すなわち，つり合う点を図式で求める方法を示したものである。

　まず，B から任意に直線 BC を引き，点 A と点 C を結ぶ。次に直線 AC 上に P_1：P_2＝x：y の点 O’ を求め，O’ から直線 BC に平行な直線 O’ O を引き天びん棒 AB と交わる点 O とする。この点 O がつり合う点になる

(3)　平面上にある多数の力のつり合い

　１つの平面上において物体に多数の力が作用してこれがつり合っているとすれば，物体は静止している。このような場合，多数の力の間に次の関係が成立している。

　①　すべての力の合力は 0 である。

　②　任意の１点を軸とするすべてのモーメントの代数和は 0 である。

第2章 質量・重さおよび重心

この章のまとめ

・この章では質量，重さ，重心について学び，物の安定，不安定について理解する。

・その上で，フォークリフトの転倒を防止し，安全を保つ方法を学ぶ。

---

1. 質量・重さ

(1) 質　量

　同一の物体を地球上で持った場合と月面上で持った場合では，手に感じる重さは異なるが，物体の量は変化しない。このように場所が変わっても変化しない物体そのものの量を「質量」という。

　質量の単位は，キログラム（kg），トン（t）等で表す。**表4-1**は，いろいろな材質の物の単位体積当たりの質量のおおよその値を示している。

　この表を利用すれば，その物体が均質であって，その体積 V がわかっている場合には，次の計算式により質量 W を知ることができる（**表4-2**）。

表 4-1　種々の物の単位体積質量表

物の種類	1 m³ 当たり質量 (t)	物の種類	1 m³ 当たり質量 (t)	物の種類	1 m³ 当たり質量 (t)
鉛	11.4	粘土	2.6	水	1.0
銅	8.9	コンクリート	2.3	あかがし	0.9
鋼	7.8	土	2.0	けやき	0.7
すず	7.3	砂	1.8	くり	0.6
鋳鉄	7.2	礫	1.7	まつ	0.5
亜鉛	7.1	石炭塊	0.8	杉	0.4
銑鉄	7.0	石炭粉	1.0	ひのき	0.4
アルミニウム	2.7	コークス	0.5	きり	0.3

注）木材の質量は気乾質量，粘土，石炭，コークスは見かけ単位質量。

表4-2　体積の計算式

物体の形状		体積計算式
名称	図形	
直方体	高さ 横 縦	縦×横×高さ
円柱	直径 高さ	$\pi \times (半径)^2 \times 高さ$
球	直径	$\dfrac{4}{3} \times \pi \times (半径)^3$
円すい体	高さ 直径	$\dfrac{1}{3} \times \pi \times (半径)^2 \times 高さ$

π：円周率（3.14）

質量 W（t）＝1 m³ 当たりの質量（t/m³）×体積 V（m³）

⑵ 重さ

　手に持った物体の重さを感じるのは，地球の引力により物体が地球の中心に向かって引っ張られるからである。地球上で感じる物体の重さは，その物体に重力の加速度が作用することによって生じる地球の中心に向かう力であり，その単位は，ニュートン（N），キロニュートン（kN）で表す。

　質量1 kg の物体の重力の加速度（9.8 m/s²）のもとでの重さは，

　　1（kg）×9.8（m/s²）＝9.8 N

となり，例えば質量 W kg の物体の重さは9.8 W N となる。

⑶ 荷重

　"荷重"は本来は力を意味する用語である。したがって，荷重の単位はニュートン（N），キロニュートン（kN）で表す。例えば，「引張荷重」や「衝撃荷重」等は，力を示しており，単位はニュートン（N），キロニュートン（kN）で表す。

　ただし，法令等の中では，「定格荷重」や「つり上げ荷重」等のように質量を表

すものであっても「○○荷重」という用語を用いている場合もあるので注意が必要である。

(4) 比 重

物体の質量と，その物体と同体積の4℃の純水の質量との比を，その物体の比重という。

4℃の純水の質量は，1Lのとき1kg，1m³のときは1tであるから，**表4-1**の単位体積質量表は，同じ体積ならば，水に比べて何倍になるかを示していることになる。

2. 重 心

(1) 重心または質量中心

物体の各部に働いている重力が，見かけ上そこに集まって作用する点をその物体の「重心（または質量中心）」という。

例えば，均質な棒ではその中心，一定厚さの円板では円の中心にこのような点があるので，棒や円板の重さと等しい力でそこを支えると棒や板は水平に安定する。また，物体を宙につるすと，つるした点から引いた垂直線上に，重心がきて物体は静止する。

したがって，物体の重心は，その物体の別々な点でつるしたときの垂直線の交わる点で求めることができる（**図4-16**）。

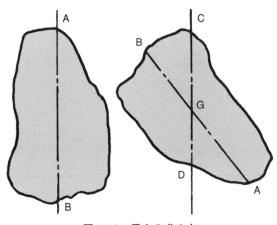

図4-16 重心の求め方

3. 物の安定（すわり）

　静止している物体を少し傾け手を離したとき，物体が元に戻ろうとするときは，その物体は「安定」（すわりがよい）しており，さらに傾きが大きくなるときは，その物体は「不安定」（すわりが悪い）であるという。また，そのままの状態で静止するときは「中立」であるという。

⑴　安定の条件

　図 4-17 のように，物体を点 A を支点として少し傾けたとき，物体の重心（または質量中心）は，G_1 から G_2 に移る。このとき，物体には，A 点に対して物体の質量 W と，重心の A 点に対する水平距離 ℓ_2 に対応したモーメント $W\ell_2$ が働くようになる。

　このモーメントは図㋐においては物体を元に戻そうとするよう働くので，物体は安定し，図㋑では物体をますます傾けるように働くので，物体は不安定となる。物体を少し傾けたとき，安定させる側にモーメントが生ずるときは安定しており，転

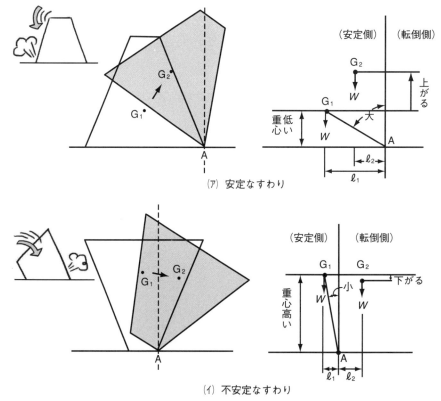

㋐　安定なすわり

㋑　不安定なすわり

図 4-17　物の安定

倒させる側にモーメントが生ずるときには不安定である。

　図(ア)においては，少し傾けたとき，重心 G_1 は G_2 に移るが，元の位置より高くなっており，また，A 点の垂直線上（この位置で重心の位置は最高になり，この線を超えると倒れるようになる）に重心が移るまでには傾きに余裕のあること，これに反して，図(イ)では，少し傾けただけでも，重心の位置は A 点の垂直線上を超えてしまい，かつ，元の位置より低くなっていることがわかる。これは物体の底面積の大小，重心の高低の相違によって決まることである。

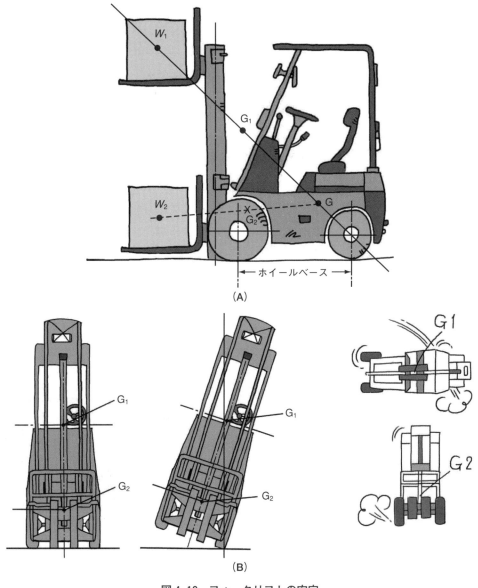

図 4-18　フォークリフトの安定

　すなわち，物体の安定は，図(ア)と図(イ)を比べてわかるとおり，①底面積が広く，②重心が低いほどよいということになる。

　以上の説明について，これを実際のフォークリフトに例をとり，具体的にその重心の位置によって車体の安定，不安定について説明してみると次のとおりである。

　いま**図 4-18**(A)に示す側面図において，無荷重の場合の重心位置を G とし，荷重を積載したフォークを高くした場合の重心位置を G_1 とする。さらに荷重を積載したフォークを低くした場合の重心位置を G_2 とする。

　次にこれを**図 4-18**(B)の正面図についてみると，G_1 のように重心の位置が高い場合（荷物を高くした場合）は，G_2 のように重心の位置が低い場合（荷物を低くした場合）に比較して次の条件が加われば，左右に傾くか，または転倒の危険がさらに大きくなることがわかる。

　①　走行中，急にハンドルを左右いずれかへ切った場合

　②　片側の車輪が石塊や物などに乗り上げた場合，またはその反対に凹地やみぞなどに落ち込んだ場合

　③　タイヤの片方の空気が急激に抜けた場合

　④　極端な片荷の場合

　すなわち車体を安定させるためには，重心位置が左右の前輪のタイヤ接地面と後輪軸中心の３点を結んだ三角形の内側になければならない（**図 4-19**）。④に挙げたように，積荷が左右，あるいは前方に片寄って積載されると転倒するおそれがある。

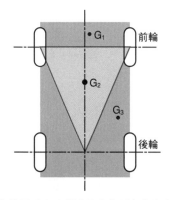

重心位置が G_2 の場合は車体が安定するが，G_1 や G_3 にある場合には，転倒の危険がある。

図 4-19　重心位置によるフォークリフトの安定

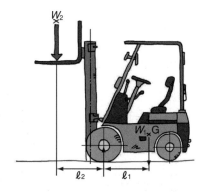

図 4-20　水平位置にあるとき

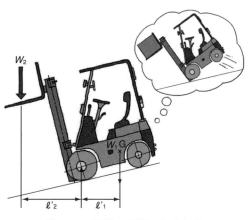

図 4-21　下りこう配にあるとき

図 4-22　下りこう配でマストを後傾させた
　　　　とき

⑵　重心（または質量中心）とこう配

　図 4-20 に示すように，水平位置にあるときは，フォークリフトの重心および荷
重の重心から前輪の軸心までの水平距離を ℓ_1，ℓ_2 とする。

　次に，図 4-21 に示すとおり下りこう配において，同じ荷物を取り扱うときの各々
の軸心からの水平距離は，ℓ_1'，ℓ_2' となる。ℓ_1' は小さくなり，ℓ_2' は大きくなる。

　このため，右回りのモーメント $W_1\ell_1'$ は小さく，左回りのモーメント $W_2\ell_2'$
は大きく変化することから，フォークリフトは前方に傾くか積荷が落下する傾向が
強まることになる。

　フォークを高くして荷物を扱うときに，マストを後方に傾斜させるのは，ℓ_2'' を
小さくすることで左回りのモーメント $W_2\ell_2''$ を小さくし，フォークリフトの危険
を防止しているのである（図 4-22）。

　この関係は，荷物の高さが低いほど小さい値となり，危険も少ない。

第**3**章 物体の運動

> **この章のまとめ**
> ・この章では物体の運動について学ぶ。
> ・運動の要素として，速度・加速度・慣性・遠心力・摩擦を学ぶことで，フォークリフトの基本的な動きを理解する。

1. 速　　度

(1) 位置と静止と運動

　宇宙にあるすべての物体は，位置を有している。その位置を変えないときは，その物体は静止しているという。その位置を変えるときは，その物体は運動しているという。

　例えば，電車や船の中に座っている人について考えてみると，電車と船に対しては静止しているが，大地や海に対しては運動していることになる。このように，運動には必ず基準になる対象があり，この対象となる物を何にとるかによって，ある物体が運動しているか否か，またどんな運動をしているかが明らかにされる。したがって運動はすべて相対的である。

(2) 変　　位

　物体の移動した距離を変位という。この変位には，大きさのほかに，方向がある。その大きさ，方向を同時に指定することによって変位は定まる。

　変位の大きさは，メートル（m）などのような長さの単位で表す。

(3) 速　　度

　物体の運動の速い，遅いの程度を示す量を，その物体の速さという。単位時間内に運動した変位の量をその物体の速度という。

　そこで，ある物体が大地に対して t なる時間内に s なる変位をしたときは，そ

の速度 v は次の算式で計算できる。

$$速度（v）= \frac{変位（s）}{時間（t）}$$

ゆえに，v なる速度をもって t 時間連続して移動したその物体の変位 s は，

$$変位（s）= 速度（v）× 時間（t）$$

そこで，電車や自動車の走行に見られるとおり，始点から終点までの距離が 20 km のとき，それに要した時間が 30 分間であったとすると，その平均速度は，40 キロメートル毎時（km/h）となり，物体が移動した距離をそれに要した時間で移動する等速運動の速度に等しい。

しかし，電車や自動車は，走っている途中で，各瞬間の速さはいろいろに変わっているはずである。それで，瞬間の速度は，ごく短い時間中に走った距離を，その時間で除した値がその物体のその瞬間における速度となる。

速度の単位は普通，メートル毎秒（m/s），キロメートル毎時（km/h）などが用いられる。

2．加 速 度

物体の運動には，速度の一定な運動と一定しない運動とがある。前者を「等速運動」といい，後者を「変速（または不等速）運動」と呼ぶ。

変速運動の速度が変わる状態を表すには，単位時間内に変わる速度の量をもって表し，これを「加速度」という。

初めの速度 v_1 が t 時間の後 v_2 の速度に変わった場合の加速度 α は，次の算式で計算できる。

$$加速度（\alpha）= \frac{終わりの速度（v_2）- 初めの速度（v_1）}{時間（t）}$$

終わりの速度が初めの速度よりも大きいときの加速度は，正数値で，終わりの速度が小さいときは負数値である。加速度が 0 のときは，等速運動である。

いま，自動車の速度が，はじめ毎秒 5 m であったものが，10 秒経ったら毎秒 10 m の速度になっていたとすれば，そのときの加速度は下記の式のようになる。

$$\frac{10\,m/秒 - 5\,m/秒}{10\,秒} = 0.5\,m/秒・秒（m/s^2）$$

図4-23 慣　　性

加速度の単位には，メートル毎秒毎秒（m/s²）が用いられる。

3．慣　　性

図4-23 のように，止まっている電車が急に発車すると，中に立っている人は電車の進行する向きと反対の向きに倒れそうになり，走っている電車が急停車すると，中に立っている人は進行する向きに倒れそうになる。われわれは，ほかにも，これと同じような例をたくさん経験している。

これは，物体には，外から力が作用しない限り，静止しているときは永久に静止の状態を続けようとし，運動しているときは永久にその運動を続けようとする性質があるためで，これを「慣性」という。

これを逆にいえば，静止している物体を動かしたり，運動している物体の速さや運動の向きを変えるためには力が必要で，速度の変わり方が大きいほどこれに要する力は大きく，荷を急に引き上げたり，動いている物体を急に止めたりするときには，非常に大きな力を必要とすることになる。ワイヤロープが衝撃荷重を受けて切れるのは，この理由によるものである。

4．遠　心　力

分銅を結びつけた細いひもの一端を持って分銅に円運動をさせると，手は分銅の方向に引っ張られる。分銅を速く回すと，手はいっそう強く引っ張られるものを感じる。もし，ひもから手をはなすと，分銅は手をはなしたときの位置から円の接線方向に飛んで行ってしまい，円運動はしなくなる。

このように，物体が円運動をするためには，物体にある力（前述の例では，手がひもをとおして分銅を引っ張っている力）が作用しなければならない。この物体に

図 4-24　向心力と遠心力

円運動をさせる力を「向心力」という（**図 4-24**）。向心力は，次の式で表される。

$$F = \frac{m \cdot v^2}{r} = m \cdot r \cdot \omega^2$$

（F：向心力，m：質量，r：半径，v：周速度，ω：角速度[注]）

　向心力に対して，力の大きさが等しく，方向が反対である力（前述の例では，手を引っ張る力）を「遠心力」という。

　フォークリフトの運転において，カーブでのスピードの出し過ぎは遠心力により，転倒などの事故に結びつくことがある。

　特に路面が雨で濡れていたりすると，路面の摩擦係数が下がるので，カーブで横滑りをする危険がある。

5. 摩　擦

(1)　静止の摩擦力

　地上に置いてある物体を地面に沿って引っ張ると地面と物体との間に物体の運動を妨げようとする抵抗が現れる。強く引っ張れば引っ張るほど抵抗も大きくなり，引っ張る力がある限度以上になると物体はついに動き出す。これは，静止している物体と地面との間の摩擦の現象があることを示し，この場合の接触面に働く抵抗を「静止の摩擦力」という。静止の摩擦力は接触面の大小には関係がない。

　図 4-25 に示すように静止の摩擦力 F は物体に力 P を加えていって物体が動きはじめる瞬間に最大となる。このときの摩擦力を「最大静止摩擦力」といい，物体の接触面に作用する垂直力 w と最大静止摩擦力との比を「静止摩擦係数」という。

注）　物体が中心軸のまわりを回転するとき，ある時間で回転の角度が変化する割合を角速度という。単位は，ラジアン毎秒（rad/s）。

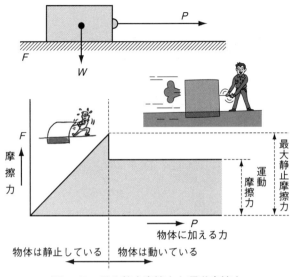

図 4-25　最大静止摩擦力と運動摩擦力

⑵　**運動の摩擦力**

　物体が動き出してから，働く摩擦力を「運動の摩擦力」といい，その値は最大静止摩擦力より小さい。

　摩擦力の大きさは，接触面の面積には関係なく，物体の接触面に作用する垂直力に比例する。したがって，

　　　$F = \mu \times W$

ここで，

　　　F：摩擦力

　　　W：物体の接触面に作用する垂直力

　　　μ：摩擦係数

である。

　摩擦係数の値は接触する２つの物体の種類と接触面の状態によって決まる。

ころがり摩擦

運動の摩擦力

図 4-26　ころがり摩擦

⑶　**ころがり摩擦**

　物体を接触面に沿って滑らさずに，ころがすときにも同じように摩擦の現象が現れる。これを「ころがり摩擦」という（**図 4-26**）。例えばたるやドラム缶をころがすと，これらをひきずるときより楽に移動させることができるが，いつまでもころがらないのは，ころがり摩擦があるためである。ころがり摩擦力は，たるやドラムかんの例でもわかるように，運動の摩擦力に比べると非常に小さい（約 10 分の 1 程度）。重い荷を楽に移動させるためにころを使ったり，フォークリフトに車輪をつけたり，軸受けにローラーベアリングやボールベアリングを使ったりするのは，このためである。

荷重，応力および材料の強さ

> **この章のまとめ**
>
> ・この章ではフォークリフト各部の部材に求められる強度を理解するために，部材に作用する荷重とそれによって生ずる応力，応力によって部材が変化することなどを学ぶ。

1. 荷　　重

　物体に外から作用する力（外力）を，「荷重」といい，この荷重に抵抗して，物体内に生ずる力（内力）を「応力」という。

　この応力の発生に伴って生ずる物体の外形的変化を「ひずみ」という。

　その荷重のかかり方によって，物体にはいろいろな性質の違った変形が起こる。

(1) 引 張 荷 重

　図 4-27 のような丸棒があって，縦軸の方向に荷重 P が働き，両方から棒を引っ張ると，棒の長さは伸びて細くなる。

　このような荷重を「引張荷重」という。

(2) 圧 縮 荷 重

　前例とは反対に，**図 4-28** のように縦軸の方向に荷重 P が押す場合である。この場合には，棒の長さは縮み，太さは太くなる。

　このような荷重を「圧縮荷重」という。

(3) せん断荷重

　図 4-29 のようなときは，鋲は荷重 P の方向に平行な面で，切断され，左右の部分が荷重の方向に滑ろうとする。はさみで物を切るときも同様の力が，切られる物に作用する。このような荷重を「せん断荷重」という。

(4) 曲げモーメント

　両端または一端を支えたはりまたはけたに垂直荷重を加えると，はりまたはけたは湾曲する。この場合は「曲げ」という。

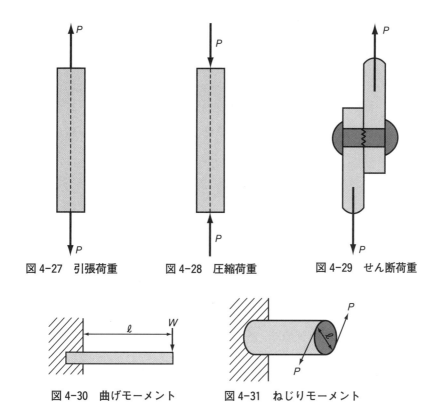

図4-27　引張荷重　　　図4-28　圧縮荷重　　　図4-29　せん断荷重

図4-30　曲げモーメント　　　図4-31　ねじりモーメント

　図4-30のように，一端を固定し，他端に質量 W をかけ，固定部から端までの距離を ℓ とすると，その相乗積 $9.8\,W\ell$ が最大曲げモーメントに等しい。フォークリフトのフォークに積んだ荷物が，フォークに対して作用する力は，主としてこの曲げモーメントである。

(5)　**ねじりモーメント**

　図4-31のように，軸の一端を固定して，他端の外周に反対方向の力 P を加えると，この軸はねじられる。

　この場合，軸に力の作用する点間の距離 ℓ と荷重 P との相乗積 $P\ell$ を「ねじりモーメント」という。ウインチの軸がワイヤロープに引っ張られてねじりを受ける場合などがこれである。

　フォークリフトなどの機械部分には，(1)から(5)まで述べた力が単独に働くことは少ない。いくつかの力が組み合わされて働く場合が多い。

(6)　**荷重の種類**

　荷重は，大別すると，「静荷重」と「動荷重」とに分けられる。静荷重は「死荷重」ともいい，向きと大きさの変わらない一定の荷重である。フォークリフトのフォークに荷を積んだまま放置した場合，フォークにかかっている荷重は，静

荷重である。

　それに対して，大きさや向きなどが変化する動荷重は，「活荷重」ともいい，次の３つに分けられる。

　すなわち，荷役中のフォークなどが受ける荷重のように，向きは同じであるが，その大きさが時間的に変わる「片振り荷重」，フォークリフト車軸が受ける荷重のように，向きと大きさが時間的に変わる「交番荷重」，さらに，フォークリフトが運転中に，床面の凹みに一方の車輪を踏み込んでがたんと落ち込んだときのフォークにかかる「衝撃荷重」がある。この衝撃荷重は，比較的短時間に加わる外力であり，作用する時間が短いほど，衝撃の効果は大きい。

⑺　**フォークリフトの積載荷重**

　フォークリフトの最大荷重は，その構造，材料に応じて，運搬し得る荷重の最大値で表され，フォークリフトの能力を表すのに用いられる。

　フォークリフトの許容荷重は，各部の強度，安定度などによって制限されるが，特に大事なことは安定度である。

　フォークリフトの前後バランスの安定度は，荷重だけでなく，フォークリフトと荷重との関係（高さ，距離，形など）に影響される。

　図4-32 に見るように，荷重がフォークリフト本体から離れるほど，モーメントが大きくなるので，許容荷重は減少する。この間の事情を表したものが**図4-33**の「荷重表（荷重曲線）」である。この荷重表は，フォークリフト運転者の見やすい場所に取り付けられている（13ページ参照）。**図4-33**および**図4-34**の「荷重中心（ロードセンター）」とは，荷重の重心位置とフォークの垂直部前面との距離を意味している。公称の荷重中心を「基準荷重中心」といい，その大きさは日本産業規格（JIS）で規定されている（12ページ参照）。

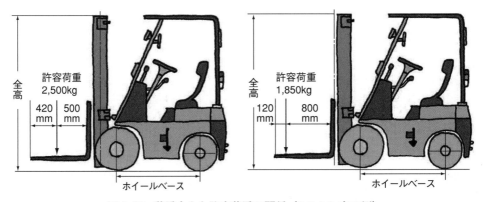

図4-32　荷重中心と許容荷重の関係（2.5トン車の例）

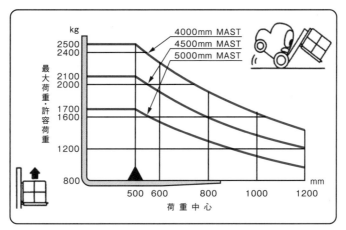

図4-33　荷重曲線による最大荷重・許容荷重の表示例

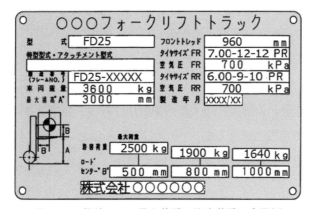

図4-34　数値による最大荷重・許容荷重の表示例

2. 応　　力

　物体に，外力が作用したとき，その外力とつり合うために物体の内部に生ずる「内力」を「応力」という。

　応力は，荷重によって生ずるので，荷重のかかり方によっていろいろな応力が生ずる。物体が引張荷重を受けたときは「引張応力」，圧縮荷重を受けたときは「圧縮応力」，せん断荷重を受けたときは「せん断応力」という。

　応力の大きさは，単位面積当たりの力で表す。

　いま，ある物体の部材の断面積を A（mm²），部材に働く引張荷重を P（N）とすれば，引張応力は次の式で算出できる。

$$応力（N/mm²）= \frac{部材に働く荷重（P）}{部材の断面積（A）}$$

3．材料の強さ

　フォークリフトを用いて作業する場合，荷の荷重によってフォークリフトの各部には，引っ張り，圧縮，せん断などのさまざまな力がかかる。

　そのためフォークリフトの各部の部材は，定められた荷重に対して十分に耐える太さと材質のものを使用しなければならない。

(1)　弾性ひずみと永久ひずみ

　物体に荷重が働くと，その物体は，必ずその形状に変化（ひずみ）を起こすものである。このひずみには，元の形に戻るものと戻らないものとがある。その戻るひずみを「弾性ひずみ」といい，戻らないひずみを「永久ひずみ」という（**図4-35**）。

　ところで，機械を構成している各部の材料は，使用中において「永久ひずみ」を起こさないように設計されている。したがって，使用の状態で起こる「ひずみ」は「弾性ひずみ」であって，荷重を取り去るとともにほとんど消失する。

　この「弾性ひずみ」の限度を超えて荷重をかければ，弾性ひずみに戻らないひずみが加わり，荷重を取り去っても，「永久ひずみ」の分は残り，弾性ひずみ分だけが消える。この限度を「弾性限度」という。

(2)　応力とひずみとの関係

　軟鋼で作った試験片を材料試験機にかけて引っ張ると，試験片は引っ張り荷重が大きくなるにしたがって伸びる。その荷重の増加がある程度に達すると，荷重が増さないにもかかわらず伸びだけが急に増加する。さらに荷重を増してゆくと，伸びも増して，ついに音を発して切れてしまう。これを自動的に記録していくと**図4-36**

弾性ひずみ　　　永久ひずみ

図4-35　弾性ひずみと永久ひずみ

のような線図が得られる。この線図を「荷重伸び線図」（または「応力ひずみ線図」）という。

図 4-36 について説明すれば，横軸は伸び，縦軸は荷重の大きさを示す。

O 点から A 点までは，荷重を増すに従って，伸びも増すが，この範囲内では，荷重を取り除くと，伸びもまた消滅する。この範囲内がその材料の弾性範囲であって，A 点の応力を「弾性限度」という。

A 点から上は，荷重を増すに従って，伸びる割合が弾性範囲内でのときより多くなり，荷重が B 点に達すると，荷重をほとんど増加しなくても，C 点まで急に伸びが増加する。この B 点をその材料の「降伏点」（このときの応力を「降伏強さ」）という。C 点から先は，荷重が増すに従って，伸びる割合はますます増加する。荷重が D 点に達すると，材料の一部にくびれを生じ，その部分の断面積は著しく細くなって減少するので，D 点から先は荷重を減らしても，伸びはさらに増し，遂には E 点で切断する。

図 4-36 は降伏点のある「軟鋼」の応力ひずみ線図であるが，木材・アルミ・鋳鉄等には明確な降伏点はない。

D 点の荷重は，この材料にかけられる「最大荷重」であって，これ以上の荷重をかけようとすれば，その材料は破壊する。

この材料の耐える最大荷重を，その荷重をかける試験片の断面積で除して得られる最大応力を，その材料の「極限強さ」という。この「極限強さ」のことを，引張試験の場合は，「引張強さ」あるいは「抗張力」と呼んでいる。

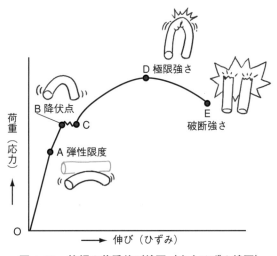

図 4-36　軟鋼の荷重伸び線図（応力ひずみ線図）

(3) 安全係数

　材料を使用する場合の荷重限度は，前項の「荷重伸び線図」のＡ点すなわち弾性限度である。しかし，実際に材料を弾性限度の近くまで使うことは危険であるから，弾性限度以下のある値を定めて，使用材料に許される最大限の応力を定める。すなわち，それ以内ならば，日常使っても安全であるという応力のことで，このような応力を「許容応力」という。

　安全係数は，一般に材料の極限強さ（**図4-36**のＤ点）を許容応力で除した値である。すなわち，

$$\text{材料の安全係数} = \frac{\text{極限強さ}}{\text{許容応力}}$$

（例）　極限強さ 400 MPa の棒を許容応力 80 MPa で使うときの安全係数はいくらか。

$$\text{安全係数} = \frac{400}{80} = 5 \qquad\qquad (\text{答}\quad 5)$$

　ただし，フォークの安全係数については，基準荷重中心とこれに対応する最大荷重に対し，使用材料の降伏点（**図4-36**のＢ点）において 3 以上とされている。すなわち，

$$\text{フォークの安全係数} = \frac{\text{降伏強さ}}{\text{許容応力}} \geqq 3$$

となる（フォークリフト構造規格第 8 条第 2 号）。

　なお，降伏点がある鉄鋼材料の安全係数は，極限強さではなく降伏点が基準となっている。

第5編

関係法令

第1章 関係法令を学ぶ前に

1．関係法令を学ぶ重要性
～関係法令は，労働災害防止のノウハウの集まり～

　法令とは，法律とそれに関係する政令，省令等の命令をまとめた総称である。

　法令等で定められたことを理解しそれを守ることは，単に法令順守のためだけでなく，労働災害を防止する上で具体的に何をどのように実施したらよいかを知るためにも特にその理解が重要である。

　なぜなら労働安全衛生法等は，過去に発生した多くの労働災害の貴重な教訓のもとに，どのようにすればその労働災害が防げるか，そのノウハウを法令，告示，指針などの形で具体的に示しているからである。

　関係法令を学ぶということは，このような指針等も含めて理解するということである。

2．関係法令を学ぶうえで知っておくべきこと

⑴　法令と法律

　国が企業や国民にその履行，順守を強制するものが法律である。しかし，法律の条文だけでは，具体的に何をしなければならないかはよくわからない。このため，その対象は何か，具体的に行うべきことは何かを，政令や省令で具体的に明らかにしている。

　労働安全衛生法には，例えば第20条の場合，次のように書かれている。

> （事業者の講ずべき措置等）
> **第20条** 事業者は，次の危険を防止するため必要な措置を講じなければならない。
> 　1　機械，器具その他の設備（以下「機械等」という。）による危険
> 　2　爆発性の物，発火性の物，引火性の物等による危険
> 　3　電気，熱その他のエネルギーによる危険

　この労働安全衛生法第20条に基づく措置として，労働安全衛生規則第151条の13では次のように，具体的に行わなければいけないこと，あるいは行ってはいけないことが定められている。

> （搭乗の制限）
> **第151条の13** 事業者は，車両系荷役運搬機械等（不整地運搬車及び貨物自動車を除く。）を用いて作業を行うときは，乗車席以外の箇所に労働者を乗せてはならない。ただし，墜落による労働者の危険を防止するための措置を講じたときは，この限りでない。

　このように，法律を理解するということは，政令，省令等を含めた関係法令として理解をする必要がある。

　法律は，何をしなければならないか，その基本的，根本的なことのみを書き，それが守られないときには，どれだけの処罰を受けるかを明らかにしている。

　政令は，主に法律が対象とするものの範囲などを定め，省令（規則）では具体的に行わなければならないことを定めている。

　これは，法律にすべてを書くと，その時々の状況や必要により追加や修正を行おうとしたときに時間がかかるため，詳細は比較的容易に変更が可能な政令や省令に書くこととしているためである。

◆法律…国会が定めるもの。社会生活を送っていくときに，守らなければならないこと。

◆政令…内閣が制定する命令。一般に○○法施行令という名称である（例：労働安全衛生法施行令）。

◆省令…各省の大臣が制定する命令。省令は，○○法施行規則や○○規則という名称である（例：労働基準法施行規則，労働安全衛生規則）。

◆告示…一定の事項を法令に基づき広く知らせるためのもの。

⑵　通達，解釈例規

　通達は，法令の適正な運営のために，行政内部で発出される文書のことをいう。通達には 2 つの種類がある。一つは，解釈例規と言われるもので，行政として所管する法令の具体的判断や取扱基準を示すもの。もう一つは，法令の施行の際の留意点や考え方等を示したものである。通達は，番号（基発○○○○第○号など）と年月日で区別される。

　法律に定められたことを守るということ，すなわち法令順守のためには，労働安全衛生法などの法律だけでなく，具体的に実施すべき内容についても理解することが必要で，そのためには，法律から政令，省令，告示および公示まで理解する必要がある。さらに，行政内部の文書である通達（行政通達）についても理解しておくことが望まれる。

3．法令の体系

　労働災害防止に関係する法令には，次ページのようなものがある。

4．第 2 章以降の学び方

　第 2 章以降では，労働安全衛生法，労働安全衛生法施行令，労働安全衛生規則，フォークリフト構造規格などの順に詳細なものとなっている。

　「2．関係法令を学ぶうえで知っておくべきこと」で述べたとおり，このような関係法令を理解するためには，法律だけでなく関係する政令や省令なども一緒に理解することが必要である。

　このため，まず第 2 章の労働安全衛生法では，法律の条文を記載するとともに，各条文に関係する政令や省令，さらには解説などもあわせて掲載し，条文の具体的な内容を理解できるようにした。労働安全衛生法施行令以下についても，必要に応じ関係する法令等を掲載した。また，各条文の理解を進めるために，「解説」として，その趣旨など必要な説明も行った。

　これらを理解のうえ，関係法令を学んでいただきたい。

労働安全衛生法等の法体系（省令，告示・公示は代表的なもの）

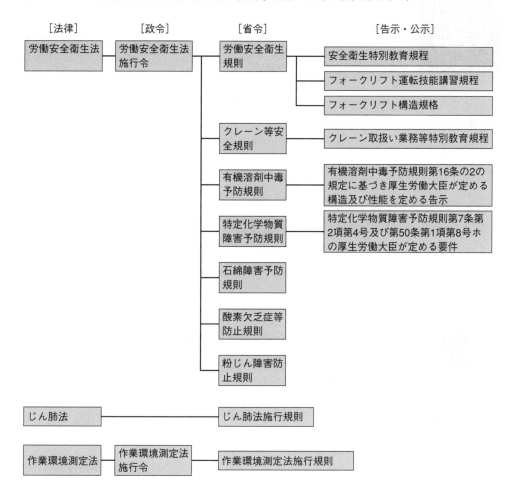

[法律]	[政令]	[省令]	[告示・公示]
労働安全衛生法	労働安全衛生法施行令	労働安全衛生規則	安全衛生特別教育規程
			フォークリフト運転技能講習規程
			フォークリフト構造規格
		クレーン等安全規則	クレーン取扱い業務等特別教育規程
		有機溶剤中毒予防規則	有機溶剤中毒予防規則第16条の2の規定に基づき厚生労働大臣が定める構造及び性能を定める告示
		特定化学物質障害予防規則	特定化学物質障害予防規則第7条第2項第4号及び第50条第1項第8号ホの厚生労働大臣が定める要件
		石綿障害予防規則	
		酸素欠乏症等防止規則	
		粉じん障害防止規則	
じん肺法		じん肺法施行規則	
作業環境測定法	作業環境測定法施行令	作業環境測定法施行規則	

　　以下の関係法令の説明では，関係法令の名称を次のとおり省略した名称で表示することがある。

　　法：労働安全衛生法
　　令：労働安全衛生法施行令
　　則：労働安全衛生規則

労働安全衛生法（抄）

昭和 47 年 6 月 8 日法律第 57 号
最終改正　令和元年 6 月 14 日法律第 37 号

Ⅰ　総則

（目的）

第 1 条　この法律は，労働基準法（昭和 22 年法律第 49 号）と相まつて，労働災害の防止のための危害防止基準の確立，責任体制の明確化及び自主的活動の促進の措置を講ずる等その防止に関する総合的計画的な対策を推進することにより職場における労働者の安全と健康を確保するとともに，快適な職場環境の形成を促進することを目的とする。

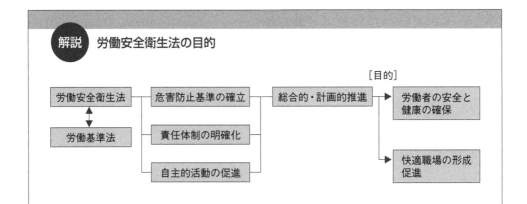

解説　**労働安全衛生法の目的**

「総則」では，この法律全体に共通する原則としての事項を記載している。

労働者の安全および衛生に関する法規制は，当初，労働基準法の中で規定されていたが，昭和 47 年に労働安全衛生法として分離独立して制定された。

この法律の目的は，危害防止の最低基準の遵守確保の施策に加えて，事業場内における安全衛生責任体制の明確化，安全衛生に関する企業の自主的活動の促進の措置を講ずる等労働災害の防止に関する総合的，計画的な対策を推進することにより職場における労働者の安全と健康を確保するとともに，快適な作業環境の形成を促進することである。

賃金，労働時間，休日などの一般的労働条件の状態は，労働災害の発生に密接な関係を有していることから，労働安全衛生法の目的で，「労働基準法と相まって…」と明記され，労働条件についての基本的な法律である労働基準法と一体的な運用を図るべきことが示されている。

（定義）

第2条 この法律において，次の各号に掲げる用語の意義は，それぞれ当該各号に定めるところによる。

1　労働災害　労働者の就業に係る建設物，設備，原材料，ガス，蒸気，粉じん等により，又は作業行動その他業務に起因して，労働者が負傷し，疾病にかかり，又は死亡することをいう。

2　労働者　労働基準法第9条に規定する労働者（同居の親族のみを使用する事業又は事務所に使用される者及び家事使用人を除く。）をいう。

3　事業者　事業を行う者で，労働者を使用するものをいう。

3の2　化学物質　元素及び化合物をいう。

4　作業環境測定　作業環境の実態をは握するため空気環境その他の作業環境について行うデザイン，サンプリング及び分析（解析を含む。）をいう。

解説　用語の定義

この法律は，事業場を単位として，その業種，規模等に応じて，安全衛生管理体制，工事計画の届出等の規定を適用することにしており，この法律による事業場の適用単位の考え方は，労働基準法における考え方と同一である。

すなわち，ここで事業場とは，工場，鉱山，事務所，店舗等のごとく一定の場所において相関連する組織のもとに継続的に行われる作業の一体をいう。

○労働災害

労働者が仕事により負傷等を負う場合が対象であり，労働者以外であったり，負傷等を伴わない事故等の場合は労働災害とはならない。

（原因）①　労働者の就業に係る建設物，設備，ガス等　⇒（結果）負傷，疾病
　　　　②　労働者の作業行動その他の業務　　　　　　　　　　　　　死亡

○事業者

法人企業では法人そのもの，個人企業では個人事業主を意味している。

労働基準法

第9条 この法律で「労働者」とは，職業の種類を問わず，事業又は事務所（以下「事業」という。）に使用される者で，賃金を支払われる者をいう。

（事業者等の責務）

第3条 事業者は，単にこの法律で定める労働災害の防止のための最低基準を守る
だけでなく，快適な職場環境の実現と労働条件の改善を通じて職場における労働
者の安全と健康を確保するようにしなければならない。また，事業者は，国が実
施する労働災害の防止に関する施策に協力するようにしなければならない。

② 機械，器具その他の設備を設計し，製造し，若しくは輸入する者，原材料を製
造し，若しくは輸入する者又は建設物を建設し，若しくは設計する者は，これら
の物の設計，製造，輸入又は建設に際して，これらの物が使用されることによる
労働災害の発生の防止に資するように努めなければならない。

（第3項省略）

第4条 労働者は，労働災害を防止するため必要な事項を守るほか，事業者その他
の関係者が実施する労働災害の防止に関する措置に協力するように努めなければ
ならない。

Ⅱ 安全衛生管理体制

（作業主任者）

第14条 事業者は，高圧室内作業その他の労働災害を防止するための管理を必要
とする作業で，**政令で定めるもの**については，都道府県労働局長の免許を受けた
者又は都道府県労働局長の登録を受けた者が行う技能講習を修了した者のうちか
ら，**厚生労働省令で定めるところ**により，当該作業の区分に応じて，作業主任者
を選任し，その者に当該作業に従事する労働者の指揮その他の**厚生労働省令で定
める事項**を行わせなければならない。

解説 安全衛生管理体制

労働災害を防止するためには，企業の自主的活動が必要である。このため，労働安
全衛生法では，事業場の規模や危険有害な作業に応じて，必要な安全衛生管理体制を
規定している。

作業主任者

作業主任者についての規定は，危険・有害な作業については，作業や設備に関する
十分な知識や経験を有する者が，作業者を直接指揮等することとしたものである。

〈政令で定めるもの〉

（作業主任者を選任すべき作業）

令第 6 条 法第 14 条の政令で定める作業は，次のとおりとする。（抜粋）

⑫ 高さが 2 メートル以上のはい（倉庫，上屋又は土場に積み重ねられた荷（小麦，大豆，鉱石等のばら物の荷を除く。）の集団をいう。）のはい付け又ははい崩しの作業（荷役機械の運転者のみによって行なわれるものを除く。）

〈厚生労働省令で定めるところ〉

（作業主任者の選任）

則第 16 条 法第 14 条の規定による作業主任者の選任は，別表第 1 の上欄（編注：左欄）に掲げる作業の区分に応じて，同表の中欄に掲げる資格を有する者のうちから行なうものとし，その作業主任者の名称は，同表の下欄（編注：右欄）に掲げるとおりとする。

※別表第 1（抜粋）

作業の区分	資格を有する者	名称
令第 6 条第 12 号の作業	はい作業主任者技能講習を修了した者	はい作業主任者

（作業主任者の職務の分担）

則第 17 条 事業者は，別表第 1 の上欄（編注：左欄）に掲げる一の作業を同一の場所で行なう場合において，当該作業に係る作業主任者を 2 人以上選任したときは，それぞれの作業主任者の職務の分担を定めなければならない。

（作業主任者の氏名等の周知）

則第 18 条 事業者は，作業主任者を選任したときは，当該作業主任者の氏名及びその者に行なわせる事項を作業場の見やすい箇所に掲示する等により関係労働者に周知させなければならない。

　作業主任者の具体的な職務については，「第 4 章　労働安全衛生規則（抄）」（例えば，はい作業者の場合は 182 ページ）に記載している。

（安全管理者等に対する教育等）

第 19 条の 2 事業者は，事業場における安全衛生の水準の向上を図るため，安全管理者，衛生管理者，安全衛生推進者，衛生推進者その他労働災害の防止のための業務に従事する者に対し，これらの者が従事する業務に関する能力の向上を図るための教育，講習等を行い，又はこれらを受ける機会を与えるように努めなければならない。

② 厚生労働大臣は，前項の教育，講習等の適切かつ有効な実施を図るため必要な指針を公表するものとする。

③　厚生労働大臣は，前項の指針に従い，事業者又はその団体に対し，必要な指導等を行うことができる。

Ⅲ　労働者の危険又は健康障害を防止するための措置

（事業者の講ずべき措置等）

第20条　事業者は，次の危険を防止するため必要な措置を講じなければならない。

　　1　機械，器具その他の設備（以下「機械等」という。）による危険

　　2　爆発性の物，発火性の物，引火性の物等による危険

　　3　電気，熱その他のエネルギーによる危険

第21条　事業者は，掘削，採石，荷役，伐木等の業務における作業方法から生ずる危険を防止するため必要な措置を講じなければならない。

②　事業者は，労働者が墜落するおそれのある場所，土砂等が崩壊するおそれのある場所等に係る危険を防止するため必要な措置を講じなければならない。

第23条　事業者は，労働者を就業させる建設物その他の作業場について，通路，床面，階段等の保全並びに換気，採光，照明，保温，防湿，休養，避難及び清潔に必要な措置その他労働者の健康，風紀及び生命の保持のため必要な措置を講じなければならない。

第24条　事業者は，労働者の作業行動から生ずる労働災害を防止するため必要な措置を講じなければならない。

第25条　事業者は，労働災害発生の急迫した危険があるときは，直ちに作業を中止し，労働者を作業場から<u>退避</u>させる等必要な措置を講じなければならない。

第26条　<u>労働者</u>は，事業者が第20条から第25条まで及び前条第1項の規定に基づき講ずる措置に応じて，必要な事項を守らなければならない。

※前条とは第25条の2（省略）を指す。

 労働者の危険又は健康障害を防止するための措置

　事業者がその使用する労働者の危害を防止するための措置を講ずる際の，具体的な基準を定めたものである。

事業者の講ずべき措置等

　ここでは，労働災害を防止するための一般的規制として，事業者の講ずべき措置を規定している。

　労働者に危険または健康障害を及ぼす要因として次のように分類したうえで，具体

的に実施すべきあるいは守らなければならない事項は，第 27 条により労働安全衛生規則等の厚生労働省令で定めるとされている。

① 機械，危険物，電気・熱エネルギーなどによる危険を防止するための措置（第 20 条）

② 荷役等の作業方法による危険や作業場所による危険（墜落，土砂崩壊のおそれのある場所など）を防止するための措置（第 21 条）

③ 作業場所について，通路安全確保や換気，照明，清潔などの健康保持のための措置（第 23 条）

④ 労働者の作業行動による災害を防止するための措置（第 24 条）

〈退 避〉（第 25 条）

　事業者の義務として，災害発生の緊急時において，労働者を退避させるべきことを規定したもの。客観的に労働災害の発生の危険が差し迫っているときには，事業者の措置を待つまでもなく，労働者は，緊急避難のため，その自主的判断によって当然その作業場から避難できる。

〈労働者の義務〉（第 26 条）

　労働災害の防止は，第一義的には事業者の義務だが，労働者自身も事業者の講ずる労働災害防止のための具体的な措置に応じて，法令で定められた事項を守る必要があることを明示したもの。

　例えば，最大荷重 1 トン以上のフォークリフトの運転業務については，法第 61 条第 2 項で「前項の規定により当該業務につくことができる者以外の者は，当該業務を行ってはならない。」として，労働者が無資格でフォークリフトを運転してはならないことが規定されており，違反をした場合は 50 万円以下の罰金に処せられる。

第 27 条　第 20 条から第 25 条まで及び第 25 条の 2 第 1 項の規定により事業者が講ずべき措置及び前条の規定により労働者が守らなければならない事項は，厚生労働省令で定める。

② 前項の厚生労働省令を定めるに当たつては，公害（環境基本法（平成 5 年法律第 91 号）第 2 条第 3 項に規定する公害をいう。）その他一般公衆の災害で，労働災害と密接に関連するものの防止に関する法令の趣旨に反しないように配慮しなければならない。

解説 厚生労働省令への委任

　事業者の講ずべき措置等として，法第20条から第26条までに規定された事項については，その具体的な内容は，膨大なものになることから，別途労働安全衛生規則，有機溶剤中毒予防規則などの厚生労働省令で定められている。（第27条）

　労働安全衛生規則は第４章（158ページ）に掲載している。

（事業者の行うべき調査等）

第28条の２　事業者は，**厚生労働省令で定めるところ**により，建設物，設備，原材料，ガス，蒸気，粉じん等による，又は作業行動その他業務に起因する危険性又は有害性等（第57条第１項の政令で定める物及び第57条の２第１項に規定する通知対象物による危険性又は有害性等を除く。）を調査し，その結果に基づいて，この法律又はこれに基づく命令の規定による措置を講ずるほか，労働者の危険又は健康障害を防止するため必要な措置を講ずるように努めなければならない。ただし，当該調査のうち，化学物質，化学物質を含有する製剤その他の物で労働者の危険又は健康障害を生ずるおそれのあるものに係るもの以外のものについては，製造業その他厚生労働省令で定める業種に属する事業者に限る。

②　厚生労働大臣は，前条第１項及び第３項に定めるもののほか，前項の措置に関して，その適切かつ有効な実施を図るため必要な指針を公表するものとする。

③　（省　略）

解説 事業者の行うべき調査等

【労働者の就業に係る危険性又は有害性の特定】

【リスクの見積り】
　特定された危険性又は有害性によって生ずるおそれのある負傷又は疾病の重篤度及び発生する可能性の度合（以下「リスク」という。）の見積り

【リスク低減措置の検討】
　リスクの見積りに基づくリスクを低減するための優先度の設定及びリスクを低減するための措置（以下「リスク低減措置」という。）内容の検討

【優先度に対応したリスク低減措置の実施】

「危険性又は有害性等の調査」とは，いわゆる「**リスクアセスメント**」のことである。

近年，生産工程の多様化，複雑化が進展するとともに，新たな機械設備・化学物質が導入されており，事業場内の危険・有害要因が多様化し，その把握が困難になっている状況にあることから，事業者として，建設物，設備，作業等の危険性又は有害性等についてリスクアセスメントを実施し，その結果に基づいて必要な措置を講ずるように努めなければならないこととされた。

リスクアセスメントは，機械設備，化学物質としての原材料，作業行動に対して，その危険性や有害性を見極めるために，ここに列記した順序で行う。これらの対象を新規に採用し運用開始する時期より早めに実施すべきであり，すでに運用が始まっている場合には速やかに実施する。また，機械設備の改造，原材料の変更，作業方法の変更などの計画がある場合にもその実施時点までに行う。

リスクアセスメントを適切に実施すれば，職場に内在するあらゆる危険状態が洗い出せて，そのリスクの大小を明確にできる。そして，このリスクアセスメント結果に応じて，適切なリスク低減策を考案して施せば，安全な職場環境が実現できる。

なお，リスクアセスメントは，それぞれ対象となる機械設備，化学物質，作業行動について十分な知識を持った者が実施しなければ満足な効果は得られない。リスク低減策の考案もしかりで，安全対策の専門家が必要である。ただし，これらの実施経過と実施結果を広く一般の作業者に展開すれば，職場全員の「危険」に対する感受性を高める効果などが期待できる。

また，フォークリフトの作業計画を作成する時点でリスクアセスメントを行い，危険状態を明確にすることは，フォークリフトの安全な運用に極めて有効である。

〈厚生労働省令で定めるところ〉

（危険性又は有害性等の調査）
則第24条の11 法第28条の2第1項の危険性又は有害性等の調査は，次に掲げる時期に行うものとする。
1　建設物を設置し，移転し，変更し，又は解体するとき。
2　設備，原材料等を新規に採用し，又は変更するとき。
3　作業方法又は作業手順を新規に採用し，又は変更するとき。
4　前三号に掲げるもののほか，建設物，設備，原材料，ガス，蒸気，粉じん等による，又は作業行動その他業務に起因する危険性又は有害性等について変化が生じ，又は生ずるおそれがあるとき。
②　法第28条の2第1項ただし書の厚生労働省令で定める業種は，令第2条第1号に掲げる業種及び同条第2号に掲げる業種（製造業を除く。）とする。
（指針の公表）
則第24条の12　第24条の規定は，法第28条の2第2項の規定による指針の公表について準用する。

（機械に関する危険性等の通知）
則第24条の13　労働者に危険を及ぼし，又は労働者の健康障害をその使用により生ずるおそ

れのある機械（以下単に「機械」という。）を譲渡し，又は貸与する者（次項において「機械譲渡者等」という。）は，文書の交付等により当該機械に関する次に掲げる事項を，当該機械の譲渡又は貸与を受ける相手方の事業者（次項において「相手方事業者」という。）に通知するよう努めなければならない。

1 　型式，製造番号その他の機械を特定するために必要な事項

2 　機械のうち，労働者に危険を及ぼし，又は労働者の健康障害をその使用により生ずるおそれのある箇所に関する事項

3 　機械に係る作業のうち，前号の箇所に起因する危険又は健康障害を生ずるおそれのある作業に関する事項

4 　前号の作業ごとに生ずるおそれのある危険又は健康障害のうち最も重大なものに関する事項

5 　前各号に掲げるもののほか，その他参考となる事項

② 　厚生労働大臣は，相手方事業者の法第28条の2第1項の調査及び同項の措置の適切かつ有効な実施を図ることを目的として機械譲渡者等が行う前項の通知を促進するため必要な指針を公表することができる。

※ 　リスクアセスメント（化学物質関係を除く）を実施する必要のある業種は次のとおり。

① 　製造業

② 　林業，鉱業，建設業，運送業及び清掃業

③ 　電気業，ガス業，熱供給業，水道業，通信業，各種商品卸売業，家具・建具・じゆう器等卸売業，各種商品小売業，家具・建具・じゆう器小売業，燃料小売業，旅館業，ゴルフ場業，自動車整備業及び機械修理業

※ 　指針

「危険性又は有害性等の調査等に関する指針」（平成18年3月10日指針公示第1号）

「化学物質等による危険性又は有害性等の調査等に関する指針」（平成18年3月30日指針公示第2号）

「機械の包括的な安全基準に関する指針」（平成19年7月31日　基発第0731001号）

「機械譲渡者等が行う機械に関する危険性等の通知の促進に関する指針」（平成24年3月16日厚生労働省告示第132号）

（元方事業者の講ずべき措置等）

第29条　元方事業者は，関係請負人及び関係請負人の労働者が，当該仕事に関し，この法律又はこれに基づく命令の規定に違反しないよう必要な指導を行なわなければならない。

②　元方事業者は，関係請負人又は関係請負人の労働者が，当該仕事に関し，この法律又はこれに基づく命令の規定に違反していると認めるときは，是正のため必要な指示を行なわなければならない。

③　前項の指示を受けた関係請負人又はその労働者は，当該指示に従わなければならない。

第29条の2　建設業に属する事業の元方事業者は，土砂等が崩壊するおそれのあ

る場所，機械等が転倒するおそれのある場所その他の厚生労働省令で定める場所において関係請負人の労働者が当該事業の仕事の作業を行うときは，当該関係請負人が講ずべき当該場所に係る危険を防止するための措置が適正に講ぜられるように，技術上の指導その他の必要な措置を講じなければならない。

（特定元方事業者等の講ずべき措置）

第30条 （省略）

第30条の2 製造業その他**政令で定める業種**に属する事業（特定事業を除く。）の元方事業者は，その労働者及び関係請負人の労働者の作業が同一の場所において行われることによつて生ずる労働災害を防止するため，**作業間の連絡及び調整**を行うことに関する措置その他必要な措置を講じなければならない。

② 特定事業の仕事の発注者（注文者のうち，その仕事を他の者から請け負わないで注文している者をいう。以下同じ。）で，元方事業者以外のものは，一の場所において行なわれる仕事を二以上の請負人に請け負わせている場合において，当該場所において当該仕事に係る二以上の請負人の労働者が作業を行なうときは，厚生労働省令で定めるところにより，請負人で当該仕事を自ら行なう事業者であるもののうちから，次条第1項に規定する措置を講ずべき者として1人を指名しなければならない。一の場所において行なわれる仕事の全部を請け負つた者で，元方事業者以外のもののうち，当該仕事を二以上の請負人に請け負わせている者についても，同様とする。

※第2項は読み替え後の規定。

解説 特定元方事業者等の講ずべき措置

　元方事業者とは，「1つの場所で行う事業で，その仕事の一部を請負人に請け負わせている場合，請負契約の最初の注文者」のこと。このうち，建設業と造船業については特定元方事業者と言われる。また，元方事業者以外は関係請負人と言われる。

　同一の作業現場で元方事業者の労働者と関係請負人の労働者が混在して作業をしていると災害の危険性も高まることことから，特定元方事業者や製造業等の元方事業者に作業間の連絡・調整等を義務付けたもの。

〈政令で定める業種〉 いまのところ，定められていない。

【解釈】平 18.2.24 基発第 0224003 号
　第 1 項の「作業間の連絡及び調整」とは，混在作業による労働災害を防止するために，次に掲げる一連の事項の実施等により行うものであること。
① 各関係請負人が行う作業についての段取りの把握
② 混在作業による労働災害を防止するための段取りの調整
③ ②の調整を行った後における当該段取りの各関係請負人への指示
※具体的な措置内容は，労働安全衛生規則の特別規制として則 636 条（184 ページ）に記載されている。

（重量表示）

第 35 条 一の貨物で，重量が 1 トン以上のものを<u>発送しようとする者</u>は，見やすく，かつ，容易に消滅しない方法で，当該貨物にその重量を表示しなければならない。ただし，包装されていない貨物で，<u>**その重量が一見して明らかであるもの**</u>を発送しようとするときは，この限りでない。

解説 重量表示

　貨物を取り扱う者が，その重量について誤った認識をもって当該貨物を取り扱うことから生ずる労働災害を防止することを目的として定められた。

【解釈】（昭 47.9.18 基発第 602 号）
① 「発送」には，事業場構内における荷の移動は含まないものであること。
② 「発送しようとする者」とは，最初に当該貨物を運送のルートにのせようとする者をいい，その途中における運送取扱者等は含まない趣旨であること。
　　なお，数個の貨物をまとめて，重量が 1 トン以上の 1 個の貨物とした者は，ここでいう「最初に当該貨物を運送のルートにのせようとする者」に該当すること。
③ 「その重量が一見して明らかなもの」とは，丸太，石材，鉄骨材等のように外観より重量の推定が可能であるものをいうこと。
④ コンテナ貨物についての本条の重量表示は，当該コンテナにその最大積載重量を表示されていれば足りるものであること。

Ⅳ　機械等並びに危険物及び有害物に関する規制

（譲渡等の制限等）

第 42 条 特定機械等以外の機械等で，別表第 2 に掲げるものその他危険若しくは有害な作業を必要とするもの，危険な場所において使用するもの又は危険若しくは健康障害を防止するため使用するもののうち，**政令で定めるもの**は，**厚生労働**

大臣が定める規格又は安全装置を具備しなければ，譲渡し，貸与し，又は設置してはならない。

第43条の2 厚生労働大臣又は都道府県労働局長は，第42条の機械等を製造し，又は輸入した者が，当該機械等で，次の各号のいずれかに該当するものを譲渡し，又は貸与した場合には，その者に対し，当該機械等の回収又は改善を図ること，当該機械等を使用している者へ厚生労働省令で定める事項を通知することその他当該機械等が使用されることによる労働災害を防止するため必要な措置を講ずることを命ずることができる。

1　次条第5項の規定に違反して，同条第4項の表示が付され，又はこれと紛らわしい表示が付された機械等

2　第44条の2第3項に規定する型式検定に合格した型式の機械等で，第42条の厚生労働大臣が定める規格又は安全装置（第4号において「規格等」という。）を具備していないもの

3　第44条の2第6項の規定に違反して，同条第5項の表示が付され，又はこれと紛らわしい表示が付された機械等

4　第44条の2第1項の機械等以外の機械等で，規格等を具備していないもの

 解説　機械等並びに危険物及び有害物に関する規制

機械の使用段階における安全を確保するために，製造，流通段階における規制が図られている。

譲渡等の制限等

〈政令で定めるもの〉

（厚生労働大臣が定める規格又は安全装置を具備すべき機械等）

令第13条　（第1項，第2項省略）

③　法第42条の政令で定める機械等は，次に掲げる機械等（本邦の地域内で使用されないことが明らかな場合を除く。）とする。（抜粋）

8　フォークリフト

14　つり上げ荷重が0.5トン以上3トン未満（スタツカー式クレーンにあつては，0.5トン以上1トン未満）のクレーン

15　つり上げ荷重が0.5トン以上3トン未満の移動式クレーン

28　墜落制止用器具

30　シヨベルローダー

31　フオークローダー

32　ストラドルキヤリヤー

④ 法別表第 2 に掲げる機械等には，本邦の地域内で使用されないことが明らかな機械等を含まないものとする。

〈厚生労働大臣が定める規格〉

「フオークリフト構造規格」（昭 47.9.30 労働省告示第 89 号　185 ページ参照）

「シヨベルローダー等構造規格」（昭 53.11.25 労働省告示第 136 号）

「ストラドルキヤリヤー構造規格」（昭 53.11.25 労働省告示第 137 号）

（定期自主検査）

第 45 条　事業者は，ボイラーその他の機械等で，**政令で定めるもの**について，**厚生労働省令で定めるところ**により，定期に自主検査を行ない，及びその結果を記録しておかなければならない。

② 事業者は，前項の機械等で**政令で定めるもの**について同項の規定による自主検査のうち**厚生労働省令で定める自主検査**（以下「特定自主検査」という。）を行うときは，その使用する**労働者で厚生労働省令で定める資格**を有するもの又は第 54 条の 3 第 1 項に規定する登録を受け，他人の求めに応じて当該機械等について特定自主検査を行う者（以下「検査業者」という。）に実施させなければならない。

③ 厚生労働大臣は，第 1 項の規定による自主検査の適切かつ有効な実施を図るため必要な**自主検査指針**を公表するものとする。

④ 厚生労働大臣は，前項の自主検査指針を公表した場合において必要があると認めるときは，事業者若しくは検査業者又はこれらの団体に対し，当該自主検査指針に関し必要な指導等を行うことができる。

解説　定期自主検査

　フォークリフトなど一定の機械については，月次検査，年次検査等一定の期間ごとに検査を行うことが義務付けられている。このうち，フォークリフトの年次検査など一定のものについては，特定自主検査として，一定の資格を有する者が点検を行わなければならない。

〈第 1 項関係〉

　フォークリフトについては，労働安全衛生規則で定められた項目について，年次検査，月次検査が必要である。

〈政令で定めるもの〉

（定期に自主検査を行うべき機械等）

令第 15 条　法第 45 条第 1 項の政令で定める機械等は，次のとおりとする。

1　第 12 条第 1 項各号に掲げる機械等，<u>第 13 条第 3 項第 5 号，第 6 号，第 8 号，第 9 号，第 14 号から第 19 号まで及び第 30 号から第 34 号まで</u>に掲げる機械等，第 14 条第 2 号から第 4 号までに掲げる機械等並びに前条第 10 号及び第 11 号に掲げる機械等

（第 2 号〜第 11 号省略）

※令第 13 条第 3 項第 8 号　フォークリフト　　　第 30 号　シヨベルローダー
　　　　　　　　　　第 31 号　フォークローダー　第 32 号　ストラドルキヤリヤー

〈厚生労働省令で定めるところ〉

＜フォークリフト関係の定期自主検査＞

則第 151 条の 21〜22　（定期自主検査）

則第 151 条の 23　（定期自主検査の記録）

※詳細は 176 ページ参照。

〈第 2 項関係〉

　フォークリフトの年次検査は，一定の資格のある者による特定自主検査として実施しなければならない。

〈政令で定めるもの（政令で定める機械等）〉

（定期に自主検査を行うべき機械等）

令第 15 条　（第 1 項省略）

②　法第 45 条第 2 項の政令で定める機械等は，第 13 条第 3 項第 8 号，第 9 号，第 33 号及び第 34 号に掲げる機械等並びに前項第 2 号に掲げる機械等とする。

※令第 13 条第 3 項第 8 号　フォークリフト

〈厚生労働省令で定める自主検査〉

（特定自主検査）

則第 151 条の 24　フォークリフトに係る特定自主検査は，第 151 条の 21 に規定する自主検査とする。（以下省略）

〈厚生労働省令で定める資格〉

（特定自主検査）

則第 151 条の 24　（第 1 項省略）。

②　フォークリフトに係る法第 45 条第 2 項の厚生労働省令で定める資格を有する労働者は，次の各号のいずれかに該当する者とする。

（以下省略）詳細は 178 ページ参照。

〈第 3 項関係〉

〈自主検査指針〉

「フォークリフトの定期自主検査指針」（平 8.9.25 自主検査指針公示第 17 号）
　※詳細は 199 ページ参照。

Ⅴ 労働者の就業に当たつての措置

（安全衛生教育）

第 59 条 事業者は，労働者を雇い入れたときは，当該労働者に対し，**厚生労働省令で定めるところ**により，その従事する業務に関する安全又は衛生のための教育を行なわなければならない。

② 前項の規定は，労働者の**作業内容を変更したとき**について準用する。

③ 事業者は，危険又は有害な業務で，厚生労働省令で定めるものに労働者をつかせるときは，**厚生労働省令で定めるところ**により，当該業務に関する安全又は衛生のための特別の教育を行なわなければならない。

 解説 安全衛生教育

労働災害を防止するためには，機械の本質的安全化等災害原因の中の物的要因を除去することが基本だが，あわせて，作業に就く労働者の安全衛生教育の徹底等も極めて重要である。

〈厚生労働省令で定めるところ〉（安衛則）法第 59 条第 1 項関係

> （雇入れ時等の教育）
> **則第 35 条** 事業者は，労働者を雇い入れ，又は労働者の作業内容を変更したときは，当該労働者に対し，遅滞なく，次の事項のうち当該労働者が従事する業務に関する安全又は衛生のため必要な事項について，教育を行なわなければならない。
> （以下省略）詳細は 161 ページ

〈厚生労働省令で定めるところ〉（安衛則）法第 59 条第 3 項関係

> （特別教育を必要とする業務）
> **則第 36 条** 法第 59 条第 3 項の厚生労働省令で定める危険又は有害な業務は，次のとおりとする。（抜粋）
> 5 最大荷重 1 トン未満のフオークリフトの運転（道路交通法（昭和 35 年法律第 105 号）第 2 条第 1 項第 1 号の道路（以下「道路」という。）上を走行させる運転を除く。）の業務
> 5 の 2 最大荷重 1 トン未満のシヨベルローダー又はフオークローダーの運転（道路上を走行させる運転を除く。）の業務

【解釈】（昭和 47.9.18 基発第 602 号）
1 法第 59 条第 2 項の「作業内容を変更したとき」とは，異なる作業に転換をしたときや作業設備，作業方法等について大幅な変更があったときをいい，これらについての軽易な変更があったときは含まない趣旨であること。
2 第 59 条および第 60 条の安全衛生教育は，労働者がその業務に従事する場合の労働災害の防止をはかるため，事業者の責任において実施されなければならないものであり，したがって，安全衛生教育については所定労働時間内に行なうのを原則とすること。また，安全衛生教育の実施に要する時間は労働時間と解されるので，当該教育が法定時間外に行なわれた場合に

は，当然割増賃金が支払われなければならないものであること。

また，第 59 条第 3 項の特別の教育ないし第 60 条の職長教育を企業外で行なう場合の講習会費，講習旅費等についても，この法律に基づいて行なうものについては，事業者が負担すべきものであること。

第 60 条　事業者は，その事業場の**業種が政令で定めるもの**に該当するときは，新たに職務につくこととなつた職長その他の作業中の労働者を直接指導又は監督する者（作業主任者を除く。）に対し，次の事項について，**厚生労働省令で定めるところ**により，安全又は衛生のための教育を行なわなければならない。

1　作業方法の決定及び労働者の配置に関すること。

2　労働者に対する指導又は監督の方法に関すること。

3　前二号に掲げるもののほか，労働災害を防止するため必要な事項で，**厚生労働省令で定めるもの**

第 60 条の 2　事業者は，前二条に定めるもののほか，その事業場における安全衛生の水準の向上を図るため，危険又は有害な業務に現に就いている者に対し，その従事する業務に関する安全又は衛生のための教育を行うように努めなければならない。

②　厚生労働大臣は，前項の教育の適切かつ有効な実施を図るため必要な**指針**を公表するものとする。

③　厚生労働大臣は，前項の指針に従い，事業者又はその団体に対し，必要な指導等を行うことができる。

解説　職長教育

〈業種が政令で定めるもの〉　法第 60 条

（職長等の教育を行うべき業種）

令第 19 条　法第 60 条の政令で定める業種は，次のとおりとする。

1　建設業

2　製造業。ただし，次に掲げるものを除く。

イ　食料品・たばこ製造業（うま味調味料製造業及び動植物油脂製造業を除く。）

ロ　繊維工業（紡績業及び染色整理業を除く。）

ハ　衣服その他の繊維製品製造業

ニ　紙加工品製造業（セロフアン製造業を除く。）

ホ　新聞業，出版業，製本業及び印刷物加工業

> 3　電気業
> 4　ガス業
> 5　自動車整備業
> 6　機械修理業

〈厚生労働省令で定めるもの・定めるところ〉　法第 60 条第 1 項及び同項第 3 号

（職長等の教育）

則第 40 条　法第 60 条第 3 号の厚生労働省令で定める事項は，次のとおりとする。

> 1　法第 28 条の 2 第 1 項の危険性又は有害性等の調査及びその結果に基づき講ずる措置に関すること。
> 2　異常時等における措置に関すること。
> 3　その他現場監督者として行うべき労働災害防止活動に関すること。
> ②　法第 60 条の安全又は衛生のための教育は，次の表の上欄に掲げる事項について，同表の下欄に掲げる時間以上行わなければならないものとする。（表省略）
> ③　事業者は，前項の表の上欄に掲げる事項の全部又は一部について十分な知識及び技能を有していると認められる者については，当該事項に関する教育を省略することができる。

〈指針〉

「危険又は有害な業務に現に就いている者に対する安全衛生教育に関する指針」
（平 8.12.4 指針公示第 4 号）
法第 60 条の 2 に基づきフォークリフト運転業務従事者安全衛生教育等について示している。

（就業制限）

第 61 条　事業者は，クレーンの運転その他の業務で，<u>**政令で定めるもの**</u>については，都道府県労働局長の当該業務に係る免許を受けた者又は都道府県労働局長の登録を受けた者が行う当該業務に係る技能講習を修了した者<u>**その他厚生労働省令で定める資格**</u>を有する者でなければ，当該業務に就かせてはならない。

②　前項の規定により当該業務につくことができる者以外の者は，当該業務を行なつてはならない。

③　第 1 項の規定により当該業務につくことができる者は，当該業務に従事するときは，これに係る免許証その他その資格を証する書面を携帯していなければならない。

④　（省略）

解説　就業制限

　最大荷重 1 トン以上のフォークリフトの運転など危険度の高い業務については，原則として登録教習機関の行う技能講習を修了した者でなければその業務に就かせることはできない。

〈政令で定めるもの〉（労働安全衛生法施行令）

（就業制限に係る業務）

令第 20 条　法第 61 条第 1 項の政令で定める業務は，次のとおりとする。（抜粋）

　7　つり上げ荷重が 1 トン以上の移動式クレーンの運転（道路交通法（昭和 35 年法律第 105 号）第 2 条第 1 項第 1 号に規定する道路（以下この条において「道路」という。）上を走行させる運転を除く。）の業務

　11　最大荷重（フオークリフトの構造及び材料に応じて基準荷重中心に負荷させることができる最大の荷重をいう。）が 1 トン以上のフオークリフトの運転（道路上を走行させる運転を除く。）の業務

13　最大荷重（ショベルローダー又はフォークローダーの構造及び材料に応じて負荷させることができる最大の荷重をいう。）が 1 トン以上のショベルローダー又はフォークローダーの運転（道路上を走行させる運転を除く。）の業務

15　作業床の高さが 10 メートル以上の高所作業車の運転（道路上を走行させる運転を除く。）の業務

16　制限荷重が 1 トン以上の揚貨装置又はつり上げ荷重が 1 トン以上のクレーン，移動式クレーン若しくはデリックの玉掛けの業務

〈その他厚生労働省令で定める資格〉

（就業制限についての資格）

則第 41 条　法第 61 条第 1 項に規定する業務につくことができる者は，別表第 3 の上欄に掲げる業務の区分に応じて，それぞれ，同表の下欄に掲げる者とする。

別表第 3（抄）

業務の区分	業務につくことができる者
令第 20 条第 11 号の業務	①　フオークリフト運転技能講習を修了した者 ②　職業能力開発促進法第 27 条第 1 項の準則訓練である普通職業訓練のうち職業能力開発促進法施行規則別表第 2 の訓練科の欄に定める揚重運搬機械運転系港湾荷役科の訓練（通信の方法によつて行うものを除く。）を修了した者で，フオークリフトについての訓練を受けた者 ③　その他厚生労働大臣が定める者

Ⅵ　免許等

（技能講習）

第 76 条　第 14 条又は第 61 条第 1 項の技能講習（以下「技能講習」という。）は，**別表第 18** に掲げる区分ごとに，学科講習又は実技講習によつて行う。

②　技能講習を行なつた者は，当該技能講習を修了した者に対し，厚生労働省令で定めるところにより，技能講習修了証を交付しなければならない。

③　技能講習の受講資格及び受講手続その他技能講習の実施について必要な事項は，厚生労働省令で定める。

解説　法別表第 18（第 76 条関係）（抄）

　　15　はい作業主任者技能講習
　　29　フォークリフト運転技能講習

Ⅶ　監督等

第 99 条の 3　都道府県労働局長は，第 61 条第 1 項の規定により同項に規定する業務に就くことができる者が，当該業務について，この法律又はこれに基づく命令の規定に違反して労働災害を発生させた場合において，その再発を防止するため必要があると認めるときは，その者に対し，期間を定めて，都道府県労働局長の指定する者が行う講習を受けるよう指示することができる。

②　（省略）

Ⅷ　罰則

第 119 条　次の各号のいずれかに該当する者は，6 月以下の懲役又は 50 万円以下の罰金に処する。

　　1～4　略

第 120 条　次の各号のいずれかに該当する者は，50 万円以下の罰金に処する。

　　1～6　略

第 122 条　法人の代表者又は法人若しくは人の代理人，使用人その他の従業者が，その法人又は人の業務に関して，第 116 条，第 117 条，第 119 条又は第 120 条の違反行為をしたときは，行為者を罰するほか，その法人又は人に対しても，各本条の罰金刑を科する。

解説 罰則

　労働安全衛生法に違反した場合にどのような罰則を科されるか，該当する条文ごとに示したものである。

　例えば，無資格でフォークリフト運転の業務を事業者が行わせた場合，あるいは労働者が行った場合，それぞれ法第 61 条第 1 項，第 2 項の違反となる。この場合の罰則は，事業者については実際の違反者（経営者，安全衛生管理責任者など）が法第 119 条第 1 号により「6 月以下の懲役又は 50 万円以下の罰金」に処せられ，また労働者は，法第 120 条第 1 号により「50 万円以下の罰金」に処せられることになる。

　なお，法第 122 条は両罰規定といわれるもので，実際に違反をした者が処罰されるとともに，法人（法人でない場合は個人事業主）も罰金刑に処せられるものである。

労働安全衛生法施行令（抄）

昭和 47 年 8 月 19 日政令第 318 号
最終改正　令和元年 6 月 5 日政令第 19 号

（作業主任者を選任すべき作業）

第 6 条　法第 14 条の政令で定める作業は，次のとおりとする。（抜粋）

12　高さが 2 メートル以上のはい（倉庫，上屋又は土場に積み重ねられた荷（小麦，大豆，鉱石等のばら物の荷を除く。）の集団をいう。）のはい付け又ははい崩しの作業（荷役機械の運転者のみによつて行われるものを除く。）

（厚生労働大臣が定める規格又は安全装置を具備すべき機械等）

第 13 条　①〜②　（省　略）

③　法第 42 条の政令で定める機械等は，次に掲げる機械等（本邦の地域内で使用されないことが明らかな場合を除く。）とする。（抜粋）

8　**フォークリフト**

9　別表第 7 に掲げる建設機械で，動力を用い，かつ，不特定の場所に自走することができるもの

15　つり上げ荷重が 0.5 トン以上 3 トン未満の移動式クレーン

30　**シヨベルローダー**

31　**フオークローダー**

32　**ストラドルキヤリヤー**

33　不整地運搬車

34　作業床の高さが 2 メートル以上の高所作業車

 解説　**厚生労働大臣が定める規格又は安全装置を具備すべき機械等**

機械の構造規格や安全装置の対象を政令で定め，行政通達では，それぞれの機械の定義が示されている。

【解釈】（昭 43.1.13 安発第 2 号）
　ログローダ，ストラドルキヤリヤ等のようにマストを備えていないものは，フォークリフトに該当しないこと。

【解釈】（昭44.5.14 基収第2267号）

〔ウォーキーフォークリフト〕

　フォーク等荷を積載する装置およびこれを上下させるマストを車体に備え，主として運転者が，歩きながら操縦する形式のいわゆるウォーキーフォークリフトは運転者が乗車して操縦できる機構を有していると否とにかかわらずフォークリフトに該当する。

【解釈】（昭53.2.10 基発第77号）

・「シヨベルローダー」とは，原則として車体前方に備えたシヨベルをリフトアームにより上下させてバラ物荷役を行う二輪駆動の車両をいうものであること。

・「フオークローダー」とは，原則として車体前方に備えたフオークをリフトアームにより上下させて材木等の荷役を行う二輪駆動の車両をいうものであること。

・「ストラドルキヤリヤー」とは，車体内面上部に懸架装置を備え，荷をつり上げ又は抱きかかえて運搬する荷役車両をいうこと。

・「シヨベルローダー」又は「フオークローダー」には，アタツチメントであるシヨベル又はフオークを交換させて，「フオークローダー」又は「シヨベルローダー」になるものがあること。

（定期に自主検査を行うべき機械等）

第15条　法第45条第1項の政令で定める機械等は，次のとおりとする。

　1　第12条第1項各号に掲げる機械等，**第13条第3項**第5号，第6号，第8号，第9号，第14号から第19号まで及び第30号から第34号までに掲げる機械等，第14条第2号から第4号までに掲げる機械等並びに前条第10号及び第11号に掲げる機械等

　2〜11　（省　略）

②　法第45条第2項の政令で定める機械等は，第13条第3項第8号，第9号，第33号及び第34号に掲げる機械等並びに前項第2号に掲げる機械等とする。

 解説　定期に自主検査を行うべき機械等

〈令第13条第3項〉（抜粋）

令第13条第3項	名　称
第8号	フォークリフト
第15号	つり上げ荷重が0.5トン以上3トン未満の移動式クレーン
第30号	シヨベルローダー
第31号	フオークローダー
第32号	ストラドルキヤリヤー

（職長等の教育を行うべき業種）

第 19 条　法第 60 条の政令で定める業種は，次のとおりとする。

1　建設業

2　製造業。ただし，次に掲げるものを除く。

イ　食料品・たばこ製造業（うま味調味料製造業及び動植物油脂製造業を除く。）

ロ　繊維工業（紡績業及び染色整理業を除く。）

ハ　衣服その他の繊維製品製造業

ニ　紙加工品製造業（セロフアン製造業を除く。）

ホ　新聞業，出版業，製本業及び印刷物加工業

3　電気業

4　ガス業

5　自動車整備業

6　機械修理業

（就業制限に係る業務）

第 20 条　法第 61 条第 1 項の政令で定める業務は，次のとおりとする。（抜粋）

11　最大荷重（フォークリフトの構造及び材料に応じて**基準荷重中心**に**負荷させることができる**最大の荷重をいう。）が 1 トン以上の**フォークリフトの運転**（道路上を走行させる運転を除く。）の業務

13　最大荷重（ショベルローダー又はフォークローダーの構造及び材料に応じて負荷させることができる最大の荷重をいう。）が 1 トン以上のショベルローダー又はフォークローダーの運転（道路上を走行させる運転を除く。）の業務

16　制限荷重が 1 トン以上の揚貨装置又はつり上げ荷重が 1 トン以上のクレーン，移動式クレーン若しくはデリックの**玉掛けの業務**

解説　就業制限に係る業務

【解釈】（昭 43.1.13 安発第 2 号。一部修正）

1　「基準荷重中心」とは，フォークについては，荷重中心（フォークに積載した荷の重心位置とフォークの垂直部前面との距離（図の C）を表わす。）のうち，日本産業規格 D 6001（フォークリフトトラック）の表 3 に示す数値のものをいうこと。また，フォーク以外のアタッチメントについては，フォークに準ずるものとすること。

2　「負荷させることができる」とは，安定度，フォークの許容応力等の条件の範囲内において

負荷させることができることをいうこと。
3 「フォークリフトの運転」の「運転」とは，道路におけると否とを問わず，フォークリフトをその本来の用い方に従って用いることをいい，具体的には走行および荷役をいうこと。

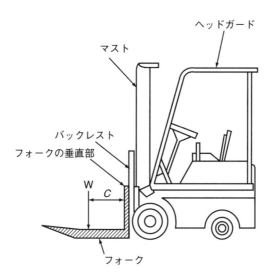

【解釈】（昭47.9.18基発第602号）
　第16号の「玉掛けの業務」とは，つり具を用いて行なう荷かけおよび荷はずしの業務をいい，とりべ，コンクリートバケツト等のごとくつり具がそれらの一部となつているものを直接クレーン等のフツクにかける業務および2人以上の者によつて行なう玉掛けの業務における補助作業の業務は含まないこと。

　玉掛けの資格が必要なのは，荷の重量ではなく，クレーン等の能力（つり上げ荷重が1トン以上など）による。

労働安全衛生規則（抄）

昭和 47 年 9 月 30 日労働省令第 32 号
最終改正　令和元年 12 月 13 日厚生労働省令第 184 号

Ⅰ　危険性又は有害性等の調査等

（危険性又は有害性等の調査）

第 24 条の 11　法第 28 条の 2 第 1 項の危険性又は有害性等の調査は，次に掲げる時期に行うものとする。

1　建設物を設置し，移転し，変更し，又は解体するとき。

2　<u>設備，原材料等を新規に採用</u>し，又は<u>変更</u>するとき。

3　<u>作業方法又は作業手順を新規に採用</u>し，又は変更するとき。

4　前三号に掲げるもののほか，建設物，設備，原材料，ガス，蒸気，粉じん等による，又は作業行動その他業務に起因する危険性又は有害性等について変化が生じ，又は生ずるおそれがあるとき。

②　法第 28 条の 2 第 1 項ただし書の<u>厚生労働省令で定める業種</u>は，令第 2 条第 1 号に掲げる業種及び同条第 2 号に掲げる業種（製造業を除く。）とする。

解説　危険性又は有害性等の調査

法第 28 条の 2 で事業者の努力義務とされた，リスクアセスメント（化学物質関係を除く）の実施時期と対象業種を定めている。

リスクアセスメントを実施する必要のある業種は以下のとおり。

①　製造業

②　林業，鉱業，建設業，運送業及び清掃業

③　電気業，ガス業，熱供給業，水道業，通信業，各種商品卸売業，家具・建具・じゅう器等卸売業，各種商品小売業，家具・建具・じゅう器小売業，燃料小売業，旅館業，ゴルフ場業，自動車整備業及び機械修理業

※142 ページ参照

【解釈】（平 18.2.24 基発第 0224003 号）

＜調査の実施時期＞

第 2 号の「設備」には機械，器具が含まれ，「設備，原材料等を新規に採用」することには設備等を設置することが含まれ，「変更」には設備の配置換えが含まれること。

　　　第 3 号の「作業方法若しくは作業手順を新規に採用するとき」には，建設業等の仕事を開始しようとするとき，新たな作業標準又は作業手順書等を定めるときが含まれること。
　　　第 4 号には，地震等の影響により，建設物等が損傷する等危険性又は有害性等に変化が生じているおそれがある場合が含まれること。このような場合には，当該建設物等に係る作業を再開する前に調査を実施する必要があること。
　　　調査については，第 1 号から第 3 号までに掲げる時期の前に十分な時間的余裕をもって実施する必要があること。また，これら変更等に係る計画等を策定する場合は，その段階において実施することが望ましいこと。
　＜対象業種＞
　　　法第 28 条の 2 第 1 項ただし書の業種として，安全管理者の選任義務のある業種を対象として定めたものであること。

（指針の公表）

第 24 条の 12　第 24 条の規定は，法第 28 条の 2 第 2 項の規定による指針の公表について準用する。

（参考）準用

> **則第 24 条**　法第 19 条の 2 第 2 項の規定による指針の公表は，当該指針の名称及び趣旨を官報に掲載するとともに，当該指針を厚生労働省労働基準局及び都道府県労働局において閲覧に供することにより行うものとする。

Ⅱ　機械等並びに危険物及び有害物に関する規制

（規格に適合した機械等の使用）

第 27 条　事業者は，**法別表第 2** に掲げる機械等及び**令第 13 条第 3 項各号**に掲げる機械等については，法第 42 条の**厚生労働大臣が定める規格**又は安全装置を具備したものでなければ，使用してはならない。

 規格に適合した機械等の使用

〈法別表第 2〉（抜粋）

　　7　クレーン又は移動式クレーンの過負荷防止装置
　　15　保護帽

〈令第 13 条第 3 項〉

　　法第 42 条の政令で定める機械等は，次に掲げる機械等（本邦の地域内で使用されないことが明らかな場合を除く。）とする。（抜粋）

8　フオークリフト
28　墜落制止用器具
30　シヨベルローダー
31　フオークローダー
32　ストラドルキヤリヤー
33　不整地運搬車

〈**厚生労働大臣が定める規格**〉

・フオークリフト構造規格（昭 47.9.30 労働省告示第 89 号　185 ページ参照）

・保護帽の規格（昭 50.9.8 労働省告示第 66 号）

・墜落制止用器具の規格（平 31.1.25 厚生労働省告示第 11 号）

・シヨベルローダー等構造規格（昭 53.11.25 労働省告示第 136 号）

（通知すべき事項）

第 27 条の 2　法第 43 条の 2 の厚生労働省令で定める事項は，次のとおりとする。

1　通知の対象である機械等であることを識別できる事項

2　機械等が法第 43 条の 2 各号のいずれかに該当することを示す事実

（安全装置等の有効保持）

第 28 条　事業者は，法及びこれに基づく命令により設けた**安全装置**，覆^{おお}い，囲い等（以下「安全装置等」という。）が有効な状態で使用されるようそれらの点検及び整備を行なわなければならない。

 解説　安全装置等の有効保持

【解釈】（昭 47.9.18 基発第 601 号の 1）
　則第 28 条の「安全装置」には，ボイラーの安全弁，クレーンの巻過ぎ防止装置等この省令以外の労働省令において事業者に設置が義務づけられているものも含むものであること。

第 29 条　労働者は，安全装置等について，次の事項を守らなければならない。

1　安全装置等を取りはずし，又はその機能を失わせないこと。

2　臨時に安全装置等を取りはずし，又はその機能を失わせる必要があるときは，あらかじめ，事業者の許可を受けること。

3　前号の許可を受けて安全装置等を取りはずし，又はその機能を失わせたときは，その必要がなくなつた後，直ちにこれを原状に復しておくこと。

4　安全装置等が取りはずされ，又はその機能を失つたことを発見したときは，

すみやかに，その旨を事業者に申し出ること。

② 事業者は，労働者から前項第4号の規定による申出があつたときは，すみやかに，適当な措置を講じなければならない。

Ⅲ 安全衛生教育

（雇入れ時等の教育）

第35条 事業者は，労働者を雇い入れ，又は労働者の作業内容を変更したときは，当該労働者に対し，遅滞なく，次の事項のうち当該労働者が従事する業務に関する安全又は衛生のため必要な事項について，教育を行なわなければならない。ただし，令第2条第3号に掲げる業種の事業場の労働者については，第1号から第4号までの事項についての教育を省略することができる。

1 機械等，原材料等の危険性又は有害性及びこれらの取扱い方法に関すること。
2 安全装置，**有害物抑制装置**又は保護具の性能及びこれらの取扱い方法に関すること。
3 作業手順に関すること。
4 作業開始時の点検に関すること。
5 当該業務に関して発生するおそれのある疾病の原因及び予防に関すること。
6 整理，整頓及び清潔の保持に関すること。
7 事故時等における応急措置及び退避に関すること。
8 前各号に掲げるもののほか，当該業務に関する安全又は衛生のために必要な事項

② 事業者は，前項各号に掲げる事項の全部又は一部に関し十分な知識及び技能を有していると認められる労働者については，当該事項についての教育を省略することができる。

解説 安全衛生教育

安全衛生教育には，次のようなものがある。
① 雇入れ時の教育
② 作業内容変更時の教育
③ 特別教育
④ 職長教育

雇入れ時等の教育

　労働者を雇い入れた時に行うべき安全衛生教育の教育事項が具体的に定められている。

> 【解釈】（昭47.9.18 基発第601号の1）
> 1　第1項の教育は，当該労働者が従事する業務に関する安全または衛生を確保するために必要な内容および時間をもって行なうものとすること。
> 2　第1項第2号中「有害物抑制装置」とは，局所排気装置，除じん装置，排ガス処理装置のごとく有害物を除去し，または抑制する装置をいう趣旨であること。
> 3　第1項第3号の事項は，現場に配属後，作業見習の過程において教えることを原則とするものであること。
> 4　第2項は，職業訓練を受けた者等教育すべき事項について十分な知識および技能を有していると認められる労働者に対し，教育事項の全部または一部の省略を認める趣旨であること。

（特別教育を必要とする業務）

第36条　法第59条第3項の厚生労働省令で定める危険又は有害な業務は，次のとおりとする。（抜粋）

　5　最大荷重1トン未満のフオークリフトの運転（道路交通法（昭和35年法律第105号）第2条第1項第1号の道路（以下「道路」という。）上を走行させる運転を除く。）の業務

　5の2　最大荷重1トン未満のシヨベルローダー又はフオークローダーの運転（道路上を走行させる運転を除く。）の業務

（特別教育の科目の省略）

第37条　事業者は，法第59条第3項の特別の教育（以下「特別教育」という。）の科目の全部又は一部について十分な知識及び技能を有していると認められる労働者については，当該科目についての特別教育を省略することができる。

 解説　特別教育の科目の省略

> 【解釈】（昭47.9.18 基発第601号の1）
> 1　（省　略）
> 2　（特別教育科目を省略する者）労働災害防止団体等が本条に掲げる業務について，第39条その他の省令で定める要件を満たす講習を行なった場合で，同講習を受講したことが明らかな者については，第37条に該当する者として取り扱って差しつかえないものであること。

（特別教育の記録の保存）

第 38 条 事業者は，特別教育を行なつたときは，当該特別教育の受講者，科目等の記録を作成して，これを 3 年間保存しておかなければならない。

（特別教育の細目）

第 39 条 前二条及び第 592 条の 7 に定めるもののほか，第 36 条第 1 号から第 13 号まで，第 27 号，第 30 号から第 36 号まで及び第 39 号から第 40 号までに掲げる業務に係る特別教育の実施について必要な事項は，厚生労働大臣が定める。

 解説 特別教育の細目

安全衛生特別教育規程（昭和 47 年労働省告示第 92 号 最終改正 平成 31 年厚生労働省告示第 32 号）

Ⅳ 就業制限

（就業制限についての資格）

第 41 条 法第 61 条第 1 項に規定する業務につくことができる者は，**別表第 3** の上欄に掲げる業務の区分に応じて，それぞれ，同表の下欄に掲げる者とする。

解説 就業制限についての資格

〈**別表第 3**〉（抄）

業務の区分	業務につくことができる者
令第 20 条第 11 号の業務	1 フォークリフト運転技能講習を修了した者 2 職業能力開発促進法第 27 条第 1 項の準則訓練である普通職業訓練のうち職業能力開発促進法施行規則別表第 2 の訓練科の欄に定める揚重運搬機械運転系港湾荷役科の訓練（通信の方法によつて行うものを除く。）を修了した者で，フォークリフトについての訓練を受けたもの 3 その他厚生労働大臣が定める者
令第 20 条第 13 号の業務	1 ショベルローダー等運転技能講習を修了した者 第 2 号，第 3 号省略
令第 20 条第 14 号の業務	1 不整地運搬車運転技能講習を修了した者 第 2 号，第 3 号省略
令第 20 条第 16 号の業務	1 玉掛け技能講習を修了した者 第 2 号，第 3 号省略

※ショベルローダー等：ショベルローダー又はフォークローダーをいう。（則第 151 条の 27）

Ⅴ　免許等

（技能講習の受講資格及び講習科目）

第 79 条　法別表第 18 第 1 号から第 17 号まで及び第 28 号から第 35 号までに掲げる技能講習の受講資格及び講習科目は，**別表第 6** のとおりとする。

解説　**技能講習の受講資格及び講習科目**

〈**別表第 6**〉（抄）

区　分	受講資格	講習科目
フォークリフト運転技能講習	―	1　学科講習 　イ　走行に関する装置の構造及び取扱いの方法に関する知識 　ロ　荷役に関する装置の構造及び取扱いの方法に関する知識 　ハ　運転に必要な力学に関する知識 　ニ　関係法令 2　実技講習 　イ　走行の操作 　ロ　荷役の操作

（受講手続）

第 80 条　技能講習を受けようとする者は，技能講習受講申込書（様式第 15 号）を当該技能講習を行う登録教習機関に提出しなければならない。

（技能講習修了証の交付）

第 81 条　技能講習を行つた登録教習機関は，当該講習を修了した者に対し，遅滞なく，技能講習修了証（様式第 17 号）を交付しなければならない。

（技能講習修了証の再交付等）

第 82 条　技能講習修了証の交付を受けた者で，当該技能講習に係る業務に現に就いているもの又は就こうとするものは，これを滅失し，又は損傷したときは，第 3 項に規定する場合を除き，技能講習修了証再交付申込書（様式第 18 号）を技能講習修了証の交付を受けた登録教習機関に提出し，技能講習修了証の再交付を受けなければならない。

②　前項に規定する者は，氏名を変更したときは，第 3 項に規定する場合を除き，技能講習修了証書替申込書（様式第 18 号）を技能講習修了証の交付を受けた登録教習機関に提出し，技能講習修了証の書替えを受けなければならない。

③　第 1 項に規定する者は，技能講習修了証の交付を受けた登録教習機関が当該技

能講習の業務を廃止した場合（当該登録を取り消された場合及び当該登録がその効力を失つた場合を含む。）及び労働安全衛生法及びこれに基づく命令に係る登録及び指定に関する省令（昭和47年労働省令第44号）第24条第1項ただし書に規定する場合に，これを滅失し，若しくは損傷したとき又は氏名を変更したときは，技能講習修了証明書交付申込書（様式第18号）を同項ただし書に規定する厚生労働大臣が指定する機関に提出し，当該**技能講習を修了したことを証する書面**の交付を受けなければならない。

④　前項の場合において，厚生労働大臣が指定する機関は，同項の書面の交付を申し込んだ者が同項に規定する技能講習以外の技能講習を修了しているときは，当該技能講習を行つた登録教習機関からその者の当該技能講習の修了に係る情報の提供を受けて，その者に対して，同項の書面に当該技能講習を修了した旨を記載して交付することができる。

解説 技能講習修了証の再交付等

① 修了証を滅失，損傷

→ 技能講習修了証の交付を受けた登録教習機関に再交付申請

② 氏名を変更

→ 技能講習修了証の交付を受けた登録教習機関に書替申請

【解釈】平16.3.19 基発第0319009号
　則第82条第3項の「技能講習を修了したことを証する書面」は，安衛法第61条第3項の「資格を証する書面」として取り扱うこと

修了証の再交付は，交付を受けた登録教習機関に申請をします。住所変更の場合は修了証の書替の必要はありません。

（技能講習の細目）

第83条　第79条から前条までに定めるもののほか，法別表第18第1号から第17号まで及び第28号から第35号までに掲げる技能講習の実施について必要な事項は，厚生労働大臣が定める。

解説 技能講習の細目

フォークリフト運転技能講習規程（昭和47年労働省告示第111号　最終改正平成30年厚生労働省告示第303号）

Ⅵ　荷役運搬機械等

（定義）

第151条の2　この省令において車両系荷役運搬機械等とは，次の各号のいずれかに該当するものをいう。

　1　フォークリフト

　2　ショベルローダー

　3　フォークローダー

　4　ストラドルキヤリヤー

　5　不整地運搬車

　6　**構内運搬車**（専ら荷を運搬する構造の自動車（長さが4.7メートル以下，幅が1.7メートル以下，高さが2.0メートル以下のものに限る。）のうち，最高速度が毎時15キロメートル以下のもの（前号に該当するものを除く。）をいう。）

　7　貨物自動車（専ら荷を運搬する構造の自動車（前二号に該当するものを除く。）をいう。）

 解説 荷役運搬機械等

　フォークリフトをはじめとする荷役運搬機械等に共通して実施すべき事項について定めている。

定　義

> 【解釈】（昭53.2.10基発第78号）
> 　構内運搬車とは，荷役の運搬を目的として製造されたもので主に事業場内のみを走行するバッテリー式運搬車（通称「プラットフォームトラック」）等のことをいうものであること。

（作業計画）

第151条の3　事業者は，**車両系荷役運搬機械等を用いて作業**（不整地運搬車又は

貨物自動車を用いて行う道路上の走行の作業を除く。以下第151条の7までにおいて同じ。)**を行うとき**は，あらかじめ，当該作業に係る場所の広さ及び地形，当該車両系荷役運搬機械等の種類及び能力，**荷の種類及び形状等**に適応する作業計画を定め，かつ，当該作業計画により作業を行わなければならない。

② 前項の作業計画は，当該車両系荷役運搬機械等の運行経路及び当該車両系荷役運搬機械等による**作業の方法**が示されているものでなければならない。

③ 事業者は，第1項の作業計画を定めたときは，前項の規定により示される事項について**関係労働者に周知**させなければならない。

 解説　作業計画

　車両系荷役運搬機械等を用いて作業を行うときの作業の安全を図るため，事前に作業の方法等について検討し，作業計画を定める必要がある（246ページの例参照）。

【解釈】（昭53.2.10 基発第78号）
1　第1項の「車両系荷役運搬機械等を用いて作業を行うとき」の「作業」には，フォークリフト等を用いる貨物の積卸しのほか，構内の走行も含むこと。
2　第1項の「荷の種類及び形状等」の「等」には，荷の重量，荷の有害性等が含まれること。
3　第2項の「作業の方法」には，作業に要する時間が含まれること。
4　第3項の「関係労働者に周知」は，口頭による周知で差し支えないが，内容が複雑な場合等で口頭による周知が困難なときは，文書の配布，掲示等によること。

（作業指揮者）

第151条の4　事業者は，車両系荷役運搬機械等を用いて作業を行うときは，当該作業の指揮者を定め，その者に前条第1項の作業計画に基づき作業の指揮を行わせなければならない。

解説　作業指揮者

【解釈】（昭53.2.10 基発第78号）
　作業指揮者は，単独作業を行う場合には，特に選任を要しないものであること。また，はい作業主任者等が選任されている場合でこれらの者が作業指揮を併せて行えるときは，本条の作業指揮者を兼ねても差し支えないものであること。なお，事業者を異にする荷の受渡しが行われるとき又は事業者を異にする作業が輻輳（ふくそう）するときの作業指揮は，各事業者ごとに作業指揮者が指名されることになるが，この場合は，各作業指揮者間において作業の調整を行わせること。

（制限速度）

第 151 条の 5　事業者は，車両系荷役運搬機械等（最高速度が毎時 10 キロメートル以下のものを除く。）を用いて作業を行うときは，あらかじめ，当該作業に係る場所の地形，地盤の状態等に応じた車両系荷役運搬機械等の適正な**制限速度**を定め，それにより作業を行わなければならない。

②　前項の車両系荷役運搬機械等の運転者は，同項の制限速度を超えて車両系荷役運搬機械等を運転してはならない。

> **解説**　制限速度
>
> 【解釈】（昭 53.2.10 基発第 78 号）
> 　第 1 項の「制限速度」は，事業者の判断で適正と認められるものを定めるものであるが，定められた制限速度については，事業者及び労働者とも拘束されるものであること。
> 　なお，「制限速度」は必要に応じて車種別，場所別に定めること。

（転落等の防止）

第 151 条の 6　事業者は，車両系荷役運搬機械等を用いて作業を行うときは，車両系荷役運搬機械等の転倒又は転落による労働者の危険を防止するため，当該車両系荷役運搬機械等の運行経路について**必要な幅員を保持すること，地盤の不同沈下を防止すること，路肩の崩壊を防止すること等**必要な措置を講じなければならない。

②　事業者は，路肩，傾斜地等で車両系荷役運搬機械等を用いて作業を行う場合において，当該車両系荷役運搬機械等の転倒又は転落により労働者に危険が生ずるおそれのあるときは，誘導者を配置し，その者に当該車両系荷役運搬機械等を誘導させなければならない。

③　前項の車両系荷役運搬機械等の運転者は，同項の誘導者が行う誘導に従わなければならない。

> **解説**　転落等の防止
>
> 【解釈】（昭 53.2.10 基発第 78 号）
> 1　第 1 項の「必要な幅員を保持すること，地盤の不同沈下を防止すること，路肩の崩壊を防止すること等」の「等」には，ガードレールの設置等が含まれること。

2　転倒，転落等のおそれのないようにガードレールの設置等が適切に行われている場合には，第 2 項の誘導者の配置を要しないものであること。

（接触の防止）

第 151 条の 7　事業者は，車両系荷役運搬機械等を用いて作業を行うときは，運転中の車両系荷役運搬機械等又はその荷に接触することにより**労働者に危険が生ずるおそれのある箇所**に労働者を立ち入らせてはならない。ただし，誘導者を配置し，その者に当該車両系荷役運搬機械等を誘導させるときは，この限りでない。

②　前項の車両系荷役運搬機械等の運転者は，同項ただし書の誘導者が行う誘導に従わなければならない。

> **解説**　接触の防止
>
> 【解釈】（昭 53.2.10 基発第 78 号）
> 　第 1 項の「危険が生ずるおそれのある箇所」には，機械の走行範囲だけでなく，ショベルローダーのバケット等の荷役装置の可動範囲，フォークローダーの材木のはみ出し部分等があること。

（合図）

第 151 条の 8　事業者は，車両系荷役運搬機械等について誘導者を置くときは，一定の合図を定め，誘導者に当該合図を行わせなければならない。

②　前項の車両系荷役運搬機械等の運転者は，同項の合図に従わなければならない。

（立入禁止）

第 151 条の 9　事業者は，車両系荷役運搬機械等（構造上，フオーク，シヨベル，**アーム等**が不意に降下することを防止する装置が組み込まれているものを除く。）については，そのフオーク，シヨベル，アーム等又はこれらにより支持さ

＜フォークリフト運転者が守ること（運転者順守義務）＞
・制限速度順守（第 151 条の 5）
・誘導者の誘導・合図に従うこと（第 151 条の 6，7）
・フォーク荷の下での作業時の安全支柱使用（第 151 条の 9）
・運転席離脱時（フォーク最下降位置，原動機停止，ブレーキ）（第 151 条の 11）

れている荷の下に労働者を立ち入らせてはならない。ただし，修理，点検等の作業を行う場合において，フオーク，シヨベル，アーム等が不意に降下することによる労働者の危険を防止するため，当該作業に従事する労働者に**安全支柱，安全ブロツク等**を使用させるときは，この限りでない。

② 前項ただし書の作業を行う労働者は，同項ただし書の安全支柱，安全ブロツク等を使用しなければならない。

解説 立入禁止

【解釈】（昭53.2.10 基発第78号）
1 第1項の「アーム等」の「等」には，ダンプトラックの荷台等が含まれること。
2 第1項の「安全支柱，安全ブロツク等」はフオーク，シヨベル，アーム等を確実に支えることができる強度を有するものであること。
なお，「安全ブロツク等」の「等」には，架台等があること。

（荷の積載）

第151条の10 事業者は，車両系荷役運搬機械等に荷を積載するときは，次に定めるところによらなければならない。

1 <u>偏荷重が生じないように積載する</u>こと。

2 （省 略）

解説 荷の積載

【例規】（昭53.2.10 基発第78号）
1 第1号は，荷を積載したときに荷重が一方に偏り転倒等の災害が発生することを防止する趣旨であること。
2 第1号の「偏荷重が生じないように積載する」とは，例えばフオークローダーについては偏った材木のくわえこみをしないようにすること等荷の積載に際し荷重が不均等にならないようにすることであるが，コンテナーをトラック等に積載するときに内部を点検する等の措置は，必要がないものであること。

（運転位置から離れる場合の措置）

第151条の11 事業者は，車両系荷役運搬機械等の運転者が運転位置から離れるときは，当該運転者に次の措置を講じさせなければならない。

1 フオーク，シヨベル等の<u>荷役装置を最低降下位置に置く</u>こと。

2 原動機を止め，かつ，停止の状態を保持するための**ブレーキを確実にかける等**の車両系荷役運搬機械等の逸走を防止する措置を講ずること。

② 前項の運転者は，車両系荷役運搬機械等の運転位置から離れるときは，同項各号に掲げる措置を講じなければならない。

> ### 解説 運転位置から離れる場合の措置
>
> 【解釈例規】（昭53.2.10 基発第78号）
> 1 第1項第1号の「荷役装置を最低降下位置に置くこと」の「最低降下位置」は，構造上降下させることができる最低の位置であること。
> 2 第1項第2号の「ブレーキを確実にかける等」の「等」には，くさび又はストッパーで止めることが含まれること。

（車両系荷役運搬機械等の移送）

第151条の12 事業者は，車両系荷役運搬機械等を移送するため自走又はけん引により貨物自動車に積卸しを行う場合において，道板，盛土等を使用するときは，当該車両系荷役運搬機械等の転倒，転落等による危険を防止するため，次に定めるところによらなければならない。

1 積卸しは，平たんで堅固な場所において行うこと。
2 道板を使用するときは，十分な長さ，幅及び強度を有する道板を用い，適当なこう配で確実に取り付けること。
3 盛土，仮設台等を使用するときは，十分な幅及び強度並びに適当なこう配を確保すること。

> ### 解説 車両系荷役運搬機械等の移送
>
> 【解釈】（昭53.2.10 基発第78号）
> 　則151条の12は，第161条の車両系建設機械の移送の場合と同様の趣旨であること。
> 〔注〕則第161条の解釈は次のとおり。
> 1 「貨物自動車等」の「等」には，トレーラーが含まれること。
> 2 第2号の「十分な」とは，積卸しを行なう車両系建設機械の重量および大きさに応じて決定されるべきものであること。
> 　また，「適当なこう配」とは，当該機械の登坂力等の性能を勘案し，安全な範囲のこう配をいうものであること。

3　第3号の盛土の強度については，盛土にくい丸太打ちを施し，かつ，十分につき固めるなどの措置を講ずることにより確保されるものであること。

（昭47.9.18 基発第601号の1）

（搭乗の制限）

第151条の13　事業者は，車両系荷役運搬機械等（不整地運搬車及び貨物自動車を除く。）を用いて作業を行うときは，乗車席以外の箇所に労働者を乗せてはならない。ただし，墜落による労働者の**危険を防止するための措置**を講じたときは，この限りでない。

解説　搭乗の制限

【解釈】（昭43.1.13 安発第2号）

　本条（現行＝第151条の13）のただし書きは，とり口を設けてないはいについてははいくずし作業を行う場合のように，ホーク等により支持されたパレット等に労働者を乗らせることが作業の必要上やむを得ない場合において，墜落による労働者の危険を防止するための措置を講ずることを条件に，パレット等に労働者を乗らせて昇降させ，又は作業させることを認めた趣旨の規定であること。

【解釈】（昭53.2.10 基発第78号）

1　本条は，フォークリフトに関する改正前の労働安全衛生規則（以下「旧安衛則」という。）第442条の規定と同様の趣旨から車両系荷役運搬機械等全般に関して設けられたものであること。

2　ただし書の「危険を防止するための措置」とは，ストラドルキヤリヤー等の高所や走行中の車両系荷役運搬機械等から労働者が墜落することを防止するための覆い，囲い等を設けることをいうものであること。

（主たる用途以外の使用の制限）

第151条の14　事業者は，車両系荷役運搬機械等を荷のつり上げ，労働者の昇降等当該車両系荷役運搬機械等の主たる用途以外の用途に使用してはならない。ただし，労働者に**危険を及ぼすおそれのないとき**は，この限りでない。

主たる用途以外の使用の制限

【解釈】（昭 53.2.10 基発第 78 号）
1　本条は，墜落のみでなく，はさまれ，まき込まれ等の危険も併せて防止する趣旨であること。
2　ただし書の「危険を及ぼすおそれのないとき」とは，フォークリフト等の転倒のおそれがない場合で，パレット等の周囲に十分な高さの手すり若しくははわく等を設け，かつ，パレット等をフォークに固定すること又は労働者に命綱を使用させること等の措置を講じたときをいうこと。

（修理等）

第 151 条の 15　事業者は，車両系荷役運搬機械等の修理又はアタッチメントの装着若しくは取外しの作業を行うときは，当該作業を指揮する者を定め，その者に次の事項を行わせなければならない。

1　作業手順を決定し，作業を直接指揮すること。
2　第 151 条の 9 第 1 項ただし書に規定する安全支柱，安全ブロツク等の使用状況を監視すること。

 修理等

【解釈例規】（昭 53.2.10 基発第 78 号）
　則第 151 条の 15 は，複数以上の労働者が作業を行う場合において労働者相互の連絡が不十分なことによる機械の不意の起動，重量物の落下等の災害を防止するために定めたものであり，単独で行う簡単な部品の取替え等労働者に危険を及ぼすおそれのない作業については指揮者の選任を要しないものであること。

<フォークリフト>

（前照灯及び後照灯）

第 151 条の 16　事業者は，フォークリフトについては，前照灯及び後照灯を備えたものでなければ使用してはならない。ただし，作業を安全に行うため必要な照度が保持されている場所においては，この限りでない。

（ヘツドガード）

第 151 条の 17　事業者は，フォークリフトについては，次に定めるところに適合

するヘッドガードを備えたものでなければ使用してはならない。ただし，荷の落下によりフオークリフトの運転者に危険を及ぼすおそれのないときは，この限りでない。

1　強度は，フオークリフトの最大荷重の２倍の値（その値が４トンを超えるものにあつては，４トン）の等分布静荷重に耐えるものであること。

2　**上部わくの各開口の幅又は長さ**は，16センチメートル未満であること。

3　運転者が座つて操作する方式のフオークリフトにあつては，**運転者の座席の上面からヘツドガードの上部わくの下面までの高さ**は，95センチメートル以上であること。

4　**運転者が立つて操作する方式のフオークリフト**にあつては，運転者席の床面からヘツドガードの上部わくの下面までの高さは，1.8メートル以上であること。

解説　フォークリフト

車両系荷役運搬機械に共通する必要な措置等に加えて，フォークリフトに必要な設備等について示している。

ヘッドガード

【解釈】（昭43.1.13安発第２号）
1　（省略）
2　本条第２号の「上部わくの各開口の幅又は長さ」とは，図の l_1 または l_2 のいずれかをいう趣旨であること。
3　本条第３号の「運転者の座席の上面からヘッドガードの上部わくの下面までの高さ」は，運転者の座席を最も押え付けた状態で測るものとし，図の h をいう趣旨であること。
4　本条第４号の「運転者が立つて操作する方式のフオークリフト」とは，一般にストラドル型（アウトリガ型）のフォークリフトをいう趣旨であること。
【解釈】（昭44.5.14基収第2267号）
〔運転者が乗車して操縦できる機構を有するウォーキーフォークリフトのヘッドガード〕
運転者が乗車して操縦できる機構を有するウォーキーフォークリフトであってかじ取りハンドルがレバー式であるため歩行，荷役の操作の際に運転者の相対位置が大きく変化する形式のフォークリフトに備えるヘッドガードは運転者が乗車して操作した際に運転者を防護しうる大きさのもので差しつかえない。
〔運転者が乗車して操縦できる機構を有しないウォーキーフォークリフトのヘッドガード〕
運転者が乗車して操縦できる機構を有しないウォーキーフォークリフトであって積荷がマストの方向へ落下しない構造のフォークリフトについてはヘッドガードを備えなくとも差しつかえない。

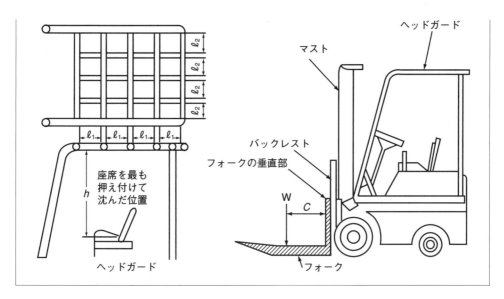

（バックレスト）

第 151 条の 18　事業者は，フオークリフトについては，**バックレスト**を備えたものでなければ使用してはならない。ただし，マストの後方に**荷が落下することにより労働者に危険を及ぼすおそれのないとき**は，この限りでない。

解説　バックレスト

【解釈】（昭 43.1.13 安発第 2 号）
1　「バックレスト」とは，積荷が背後（マスト方向）に落下しないように設けた荷受けわくをいうこと。
2　「荷が落下することにより労働者に危険を及ぼすおそれのないとき」とは，積荷（積荷が積み重ねられた複数の荷であるときは，最上段の荷）の重心の高さがフォークの垂直部上端の高さ以下である場合をいうこと。

（パレット等）

第 151 条の 19　事業者は，フオークリフトによる荷役運搬の作業に使用するパレツト又はスキツドについては，次に定めるところによらなければ使用してはならない。

　1　積載する荷の重量に応じた十分な強度を有すること。

　2　著しい損傷，変形又は腐食がないこと。

（使用の制限）

第 151 条の 20　事業者は，フオークリフトについては，**許容荷重**（フオークリフ

トの構造及び材料並びにフオーク等（フオーク，ラム等荷を積載する装置をい
う。）に積載する<u>荷の重心位置に応じ</u><u>負荷させることができる</u>最大の荷重をい
う。）<u>その他の能力</u>を超えて使用してはならない。

解説 使用の制限

【解釈】（昭53.2.10 基発第78号）
1 「荷の重心位置に応じ」とは，荷の重心の水平位置及び垂直位置に応じての意であること。
2 「負荷させることができる」とは，安定度，フオークの許容応力等の条件の範囲内において
　負荷させることができることをいう。
※「その他の能力」とは，安定度等をいうものであること。（昭43.1.13 安発第2号）

（定期自主検査）

第151条の21 事業者は，フオークリフトについては，1年を超えない期間ごとに
1回，定期に，次の事項について自主検査を行わなければならない。ただし，1
年を超える期間使用しないフオークリフトの当該使用しない期間においては，こ
の限りでない。

1 圧縮圧力，弁すき間その他原動機の異常の有無

2 デフアレンシヤル，プロペラシヤフトその他動力伝達装置の異常の有無

3 タイヤ，ホイールベアリングその他走行装置の異常の有無

4 かじ取り車輪の左右の回転角度，ナツクル，ロツド，アームその他操縦装置
　の異常の有無

5 制動能力，ブレーキドラム，ブレーキシユーその他制動装置の異常の有無

6 フオーク，マスト，チエーン，チエーンホイールその他荷役装置の異常の有
　無

7 油圧ポンプ，油圧モーター，シリンダー，安全弁その他油圧装置の異常の有
　無

8 電圧，電流その他電気系統の異常の有無

9 車体，ヘツドガード，バツクレスト，警報装置，方向指示器，灯火装置及び
　計器の異常の有無

② 事業者は，前項ただし書のフオークリフトについては，その使用を再び開始す
る際に，同項各号に掲げる事項について自主検査を行わなければならない。

解説 **定期自主検査**

年次検査と月次検査が必要であることと，その実施事項を示している。

【解釈例規】（昭 53.2.10 基発第 78 号）

　本条は，フォークリフトが特定自主検査の対象機械に加えられたことに伴い，1 年以内ごとに 1 回行われる自主検査の対象事項について整備を図ったものであること。なお，別途制定されるフォークリフトの自主検査指針は，本検査事項に基づいて作成されるものであること。

第 151 条の 22　事業者は，フオークリフトについては，1 月を超えない期間ごとに 1 回，定期に，次の事項について自主検査を行わなければならない。ただし，1 月を超える期間使用しないフオークリフトの当該使用しない期間においては，この限りでない。

　1　制動装置，クラツチ及び操縦装置の異常の有無

　2　荷役装置及び油圧装置の異常の有無

　3　ヘツドガード及びバツクレストの異常の有無

②　事業者は，前項ただし書のフオークリフトについては，その使用を再び開始する際に，同項各号に掲げる事項について自主検査を行わなければならない。

（定期自主検査の記録）

第 151 条の 23　事業者は，前二条の自主検査を行つたときは，次の事項を記録し，これを 3 年間保存しなければならない。

　1　検査年月日

　2　**検査方法**

　3　検査箇所

　4　検査の結果

　5　検査を実施した者の氏名

　6　検査の結果に基づいて補修等の措置を講じたときは，**その内容**

解説 **定期自主検査の記録**

【解釈】（昭 53.2.10 基発第 78 号）

　本条は，第 135 条の 2 と同じ趣旨であること。

〔注〕第 135 条の 2 の解釈は次のとおり。

1　本条は，従来から定められていた定期自主検査の結果の記録についてその記載内容を明確にしたものであること。

2　第１項第２号の「検査方法」には，検査機器を使用したときの検査機器の名称等が含まれること。

3　第１項第６号の「その内容」には，補修箇所，補修日時，補修の方法及び部品取替えの状況等が含まれること。

（特定自主検査）

第151条の24　フオークリフトに係る特定自主検査は，第151条の21に規定する自主検査とする。

②　フオークリフトに係る法第45条第２項の厚生労働省令で定める資格を有する労働者は，次の各号のいずれかに該当する者とする。

　1　次のいずれかに該当する者で，厚生労働大臣が定める研修を修了したもの

　　イ　学校教育法による大学又は高等専門学校において工学に関する学科を専攻して卒業した者で，フオークリフトの点検若しくは整備の業務に２年以上従事し，又はフオークリフトの設計若しくは工作の業務に５年以上従事した経験を有するもの

　　ロ　学校教育法による高等学校又は中等教育学校において工学に関する学科を専攻して卒業した者で，フオークリフトの点検若しくは整備の業務に４年以上従事し，又はフオークリフトの設計若しくは工作の業務に７年以上従事した経験を有するもの

　　ハ　フオークリフトの点検若しくは整備の業務に７年以上従事し，又はフオークリフトの設計若しくは工作の業務に10年以上従事した経験を有する者

　　ニ　フオークリフトの運転の業務に10年以上従事した経験を有する者

　2　その他厚生労働大臣が定める者

③　事業者は，道路運送車両法（昭和26年法律第185号）第２条第５項に規定する運行（以下「運行」という。）の用に供するフオークリフト（**同法第48条第1項の適用を受けるもの**に限る。）について，同項の規定に基づいて点検を行つた場合には，当該点検を行つた部分については第151条の21の自主検査を行うことを要しない。

④　フオークリフトに係る特定自主検査を検査業者に実施させた場合における前条の規定の適用については，同条第５号中「検査を実施した者の氏名」とあるのは，「検査業者の名称」とする。

⑤　事業者は，フォークリフトに係る自主検査を行つたときは，当該フォークリフトの見やすい箇所に，特定自主検査を行つた年月を明らかにすることができる検査標章をはり付けなければならない。

 解説　特定自主検査

【解釈】（昭53.2.10 基発第78号）
1　第2項は，第135条の3第2項と同様の趣旨であること。
2　第3項の「道路運送車両法第48条第1項の適用を受けるもの」が同法に基づいて点検を行つたときは，定期点検整備記録簿に記録されている点検の結果により確認するものとすること。

【検査標章例】

1　検査業者が検査した場合

2　事業内検査者が検査した場合

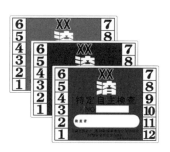

（注）標章の地色は年ごとに変わる。

（点検）

第151条の25　事業者は，フォークリフトを用いて作業を行うときは，その日の作業を開始する前に，次の事項について点検を行わなければならない。

1　制動装置及び操縦装置の機能
2　荷役装置及び油圧装置の機能
3　**車輪**の異常の有無
4　前照灯，後照灯，方向指示器及び警報装置の機能

 解説　点検

【解釈】（昭43.1.13 安発第2号）
　第3号の「車輪」には，タイヤが含まれること。

（補修等）

第 151 条の 26　事業者は，第 151 条の 21 若しくは第 151 条の 22 の自主検査又は前条の点検を行つた場合において，異常を認めたときは，直ちに補修その他必要な措置を講じなければならない。

＜貨物自動車＞

（昇降設備）

第 151 条の 67　事業者は，最大積載量が 5 トン以上の貨物自動車に荷を積む作業（ロープ掛けの作業及びシート掛けの作業を含む。）又は最大積載量が 5 トン以上の貨物自動車から荷を卸す作業（ロープ解きの作業及びシート外しの作業を含む。）を行うときは，墜落による労働者の危険を防止するため，当該作業に従事する労働者が床面と荷台上の荷の上面との間を安全に昇降するための設備を設けなければならない。

②　前項の作業に従事する労働者は，床面と荷台上の荷の上面との間を昇降するときは，同項の昇降するための設備を使用しなければならない。

（積卸し）

第 151 条の 70　事業者は，一の荷でその重量が 100 キログラム以上のものを貨物自動車に積む作業（ロープ掛けの作業及びシート掛けの作業を含む。）又は貨物自動車から卸す作業（ロープ解きの作業及びシート外しの作業を含む。）を行うときは，<u>当該作業を指揮する者</u>を定め，その者に次の事項を行わせなければならない。

1　作業手順及び作業手順ごとの作業の方法を決定し，作業を直接指揮すること。

2　器具及び工具を点検し，不良品を取り除くこと。

3　当該作業を行う箇所には，関係労働者以外の労働者を立ち入らせないこと。

4　ロープ解きの作業及びシート外しの作業を行うときは，荷台上の荷の落下の危険がないことを確認した後に当該作業の着手を指示すること。

5　第 151 条の 67 第 1 項の昇降するための設備及び保護帽の使用状況を監視すること。

> **解説**　積卸し
>
> 【解釈】昭 53.2.10 基発第 78 号
> 　第 1 号は，荷の積卸しについて作業を指揮する者が直接具体的な指揮を行なわなければならないことを定めたものであること。

> 　本条の作業は，人力によるものが一般的であるが，フォークリフト等車両系荷役運搬機械等を用いて荷役を行うときは，第 151 条の 4 の作業指揮者が兼ねて差し支えないものであること。

※積卸し作業指揮者教育

　一の荷でその重量が 100 キログラム以上のものの貨物自動車等への積卸し作業を直接指揮・監督する者（積卸し作業指揮者）であって，新たに選任される者及び選任されて間もない者には，一定の教育が必要となる。この教育については，昭 60.3.13 基発第 133 号の労働省通達により，具体的なカリキュラムが示されている。

（保護帽の着用）

第 151 条の 74　事業者は，最大積載量が 5 トン以上の貨物自動車に荷を積む作業（ロープ掛けの作業及びシート掛けの作業を含む。）又は最大積載量が 5 トン以上の貨物自動車から荷を卸す作業（ロープ解きの作業及びシート外しの作業を含む。）を行うときは，墜落による労働者の危険を防止するため，当該作業に従事する労働者に保護帽を着用させなければならない。

②　前項の作業に従事する労働者は，同項の保護帽を着用しなければならない。

Ⅶ　荷役作業等における危険の防止

＜貨物取扱作業等＞はい付け，はいくずし等

（はいの昇降設備）

第 427 条　事業者は，**はい**（倉庫，上屋又は土場に積み重ねられた荷（小麦，大豆，鉱石等のばら物の荷を除く。）の集団をいう。以下同じ。）の上で**作業**を行なう場合において，作業箇所の高さが床面から 1.5 メートルをこえるときは，当該作業に従事する労働者が床面と当該作業箇所との間を安全に昇降するための設備を設けなければならない。ただし，当該はいを構成する荷によつて安全に昇降できる場合は，この限りでない。

②　前項の作業に従事する労働者は，床面と当該作業箇所との間を昇降するときは，同項のただし書に該当する場合を除き，同項の昇降するための設備を使用しなければならない。

 解説　**はい**

　「はい」とは，荷の流通過程で，保管，仮置き，検数，燻蒸などのために倉庫，上屋または土場に積み重ねられた荷の集団をいう。この場合，小麦，大豆，鉱石など粉体や粒体などのばら物のままでの集団は除かれ，これらははいとは呼ばない。

このはいは，荷の種類や包装容器，形状，質量などによって，はいの種類や形状および大きさはそれぞれ異なった型となる。

はい作業とは，袋物や箱物の荷を一定の方法で，規則正しく積み上げたり（「はい付け」という），積み上げられた荷を移動するために，くずしたり（「はいくずし」という）する作業をいう。

この，はい付け，はいくずし等の作業は，墜落・転落災害，飛来・落下災害などのリスクを伴う危険性の高い作業であることから，十分な技能と安全作業についての知識を持った者の指揮により作業を行うことが労働災害防止上不可欠である。

このため，労働安全衛生法ではい作業主任者の選任を義務付けるとともに，安全衛生規則で必要な安全上の措置が規定されている。

（はい作業主任者の選任）

第428条 事業者は，令第6条第12号の作業については，はい作業主任者技能講習を修了した者のうちから，はい作業主任者を選任しなければならない。

> **解説** **はい作業主任者の選任**
>
> **〈令第6条第12号〉**
>
> **令第6条** 法第14条の政令で定める作業は，次のとおりとする。（抜粋）
>   12 高さが2メートル以上のはい（倉庫，上屋又は土場に積み重ねられた荷（小麦，大豆，鉱石等のばら物の荷を除く。）の集団をいう。）のはい付け又ははい崩しの作業（荷役機械の運転者のみによつて行われるものを除く。）
>
> ※荷役機械であるフォークリフトの運転者のみではい作業が行われている場合は，はい作業主任者の選任は必要ないが，はい作業の一部でも人力で行われる場合には，はい作業主任者の選任が必要となる。

（はい作業主任者の職務）

第429条 事業者は，はい作業主任者に，次の事項を行なわせなければならない。

1 作業の方法及び順序を決定し，作業を直接指揮すること。

2 器具及び工具を点検し，不良品を取り除くこと。

3 当該作業を行なう箇所を通行する労働者を安全に通行させるため，その者に必要な事項を指示すること。

4 はいくずしの作業を行なうときは，はいの崩壊の危険がないことを確認した後に当該作業の着手を指示すること。

5 第427条第1項の昇降をするための設備及び保護帽の使用状況を監視すること。

解説 **はい作業主任者の職務**

【解釈】（昭 53.2.10 基発第 78 号 再掲）
　則第 151 条の 4 の作業指揮者は，単独作業を行う場合には，特に選任を要しないものであること。また，はい作業主任者等が選任されている場合でこれらの者が作業指揮を併せて行えるときは，本条の作業指揮者を兼ねても差し支えないものであること。なお，事業者を異にする荷の受渡しが行われるとき又は事業者を異にする作業が輻輳するときの作業指揮は，各事業者ごとに作業指揮者が指名されることになるが，この場合は，各作業指揮者間において作業の調整を行わせること。

（はいの間隔）

第 430 条 事業者は，床面からの高さが 2 メートル以上のはい（容器が袋，かます又は俵である荷により構成されるものに限る。）については，当該はいと隣接のはいとの間隔を，はいの下端において 10 センチメートル以上としなければならない。

（はいくずし作業）

第 431 条 事業者は，床面からの高さが 2 メートル以上のはいについて，はいくずしの作業を行なうときは，当該作業に従事する労働者に次の事項を行なわせなければならない。

１　中抜きをしないこと。

２　容器が袋，かます又は俵である荷により構成されるはいについては，ひな段状にくずし，ひな段の各段（最下段を除く。）の高さは 1.5 メートル以下とすること。

② 前項の作業に従事する労働者は，同項各号に掲げる事項を行なわなければならない。

（はいの崩壊等の危険の防止）

第 432 条 事業者は，はいの崩壊又は荷の落下により労働者に危険を及ぼすおそれのあるときは，当該はいについて，ロープで縛り，網を張り，くい止めを施し，はい替えを行なう等当該危険を防止するための措置を講じなければならない。

（立入禁止）

第 433 条 事業者は，はい付け又ははいくずしの作業が行なわれている箇所で，はいの崩壊又は荷の落下により労働者に危険を及ぼすおそれのあるところに，関係労働者以外の労働者を立ち入らせてはならない。

（照度の保持）

第 434 条　事業者は，はい付け又ははいくずしの作業を行なう場所については，<u>当該作業を安全に行なうため</u>必要な照度を保持しなければならない。

 照度の保持

【解釈】（昭 43.1.13 安発第 2 号）
「当該作業を安全に行なうため」とは，当該作業を行っている場合における安全のみならず，当該作業を行なうために倉庫内，屋外等を通行する場合における安全をも保持するための意であること。

（保護帽の着用）

第 435 条　事業者は，はいの上における作業（作業箇所の高さが床面から 2 メートル以上のものに限る。）を行なうときは，墜落による労働者の危険を防止するため，当該作業に従事する労働者に保護帽を着用させなければならない。

②　前項の作業に従事する労働者は，同項の保護帽を着用しなければならない。

Ⅷ　特別規制

（作業間の連絡及び調整）

第 636 条　（第 643 条の 2 による読み替え後）

元方事業者は，法第 30 条の 2 第 1 項の<u>作業間の連絡及び調整</u>については，随時，元方事業者と関係請負人との間及び関係請負人相互間における連絡及び調整を行なわなければならない。

 特別規制

【解釈】（平 18.2.24 基発第 0224003 号）
法第 30 条の 2 第 1 項の元方事業者は，随時，同項の元方事業者と関係請負人との間及び関係請負人相互間における連絡及び調整を行わなければならないものとするとともに，特定元方事業者の講ずべき措置に準じて，合図，標識，警報を統一し，関係請負人に周知させなければならないものとしたこと。（第 643 条の 2 から第 643 条の 7 まで）

フオークリフト構造規格

昭和 47 年 9 月 30 日労働省告示第 89 号
最終改正　平成 12 年 1 月 31 日労働省告示第 2 号

第 5 章

　労働安全衛生法（昭和 47 年法律第 57 号）第 42 条の規定に基づき，フオークリフト構造規格を次のように定め，昭和 47 年 10 月 1 日から適用する。ただし，第 9 条及び第 11 条の規定は，昭和 48 年 4 月 1 日から適用する。

〔注〕廃止前の労働安全衛生規則（昭和 22 年労働省令第 9 号）に基づく関係構造規格の規定に関する通達で，これらの構造規格に相当する規定があるものについては，当該規定に関するものとして取り扱われたい。（昭 47.10.16 基発第 671 号）

（安定度）

第 1 条　フオークリフト(サイドフオークリフト及びリーチフオークリフトを除く。以下この条において同じ。)は，次の表の上欄（編注：左欄）に掲げる安定度の区分に応じ，それぞれ，同表の中欄に掲げるフオークリフトの状態において，同表の下欄（編注：右欄）に掲げるこう配の床面においても転倒しない前後及び左右の安定度を有するものでなければならない。

安定度の区分	フオークリフトの状態	こう配（単位　パーセント）
前後の安定度	基準負荷状態にした後，フオークを最高に上げた状態	4（最大荷重が 5 トン以上のフオークリフトにあつては，3.5）
	走行時の基準負荷状態	18
左右の安定度	基準負荷状態にした後，フオークを最高に上げ，マストを最大に後傾した状態	6
	走行時の基準無負荷状態	15＋1.1 V

備考
1　この表において，基準負荷状態とは，基準荷重中心に最大荷重の荷を負荷させ，マストを垂直にし，フオークの上面を床上 30 センチメートルとした状態をいう。
2　この表において，走行時の基準負荷状態とは，基準負荷状態にした後，マストを最大に後傾した状態をいう。
3　この表において，走行時の基準無負荷状態とは，マストを垂直にし，フオークの上面を床上 30 センチメートルとした状態にした後，マストを最大に後傾した状態をいう。
4　この表において，V は，フオークリフトの最高速度（単位　キロメートル毎時）の数値を表わすものとする（次条及び第 3 条の表において同じ。）

第 2 条　サイドフオークリフトは，次の表の上欄（編注：左欄）に掲げる安定度の

区分に応じ，それぞれ，同表の中欄に掲げるサイドフオークリフトの状態におい
て，同表の下欄（編注：右欄）に掲げるこう配の床面においても転倒しない前後
及び左右の安定度を有するものでなければならない。

安定度の区分	サイドフオークリフトの状態	こう配（単位　パーセント）
前後の安定度	基準負荷状態にした後，アウトリガーを出し，リーチを最大に伸ばし，フオークを最高に上げた状態	6
	走行時の基準負荷状態	18
左右の安定度	基準負荷状態にした後，アウトリガーを出し，リーチを最大に伸ばし，フオークを最高に上げた状態	4（最大荷重が5トン以上のサイドフオークリフトにあつては，3.5）
	走行時の基準無負荷状態	15＋1.1 V

備考
1　この表において，基準負荷状態とは，基準荷重中心に最大荷重の荷を負荷させ，リーチを完全に戻し，マストを垂直にし，フオークを水平にし，当該荷を荷台にのせ，フオークの上面を床上30センチメートルとした状態をいう。
2　この表において，走行時の基準負荷状態とは，基準負荷状態にした後，アウトリガーを引き込めた状態をいう。
3　この表において，走行時の基準無負荷状態とは，リーチを完全に戻し，マストを垂直にし，フオークを水平にし，フオークの上面を床上30センチメートルとした状態をいう。（次条の表においても同じ。）

第3条　リーチフオークリフトは，次の表の上欄（編注：左欄）に掲げる安定度の
区分に応じ，それぞれ，同表の中欄に掲げるリーチフオークリフトの状態におい
て，同表の下欄（編注：右欄）に掲げるこう配の床面においても転倒しない前後
及び左右の安定度を有するものでなければならない。

安定度の区分	リーチフオークリフトの状態	こう配（単位　パーセント）
前後の安定度	基準負荷状態にした後，リーチを最大に伸ばし，フオークを最高に上げた状態	4（最大荷重が5トン以上のリーチフオークリフトについては，3.5）
	走行時の基準負荷状態	18
左右の安定度	基準負荷状態にした後，フオークを最高に上げ，マスト及びフオークを最大に後傾した状態	6
	走行時の基準無負荷状態	15＋1.1 V

備考
1　この表において，基準負荷状態とは，基準荷重中心に最大荷重の荷を負荷させ，リーチを完全に戻し，マストを垂直にし，フオークを水平にし，フオークの上面を床上30センチメートルにした状態をいう。
2　この表において，走行時の基準負荷状態とは，基準負荷状態にした後，マスト及びフオークを最大に後傾した状態をいう。

（制動装置）

第 4 条　フオークリフトは，走行を制動し，及び停止の状態を保持するための制動装置を備えるものでなければならない。

②　前項の制動装置のうち走行を制動するための制動装置は，次の表の上欄（編注：左欄）に掲げるフオークリフトの状態に応じ，それぞれ，同表の中欄に掲げる制動初速度において同表の下欄（編注：右欄）に掲げる停止距離以内で当該フオークリフトを停止させることができる性能を有するものでなければならない。

フオークリフトの状態	制動初速度（単位　キロメートル毎時）	停止距離（単位　メートル）
走行時の基準無負荷状態	20（最高速度が 20 キロメートル毎時未満のフオークリフトにあつては，その最高速度）	5
走行時の基準負荷状態	10（最高速度が 10 キロメートル毎時未満のフオークリフトにあつては，その最高速度）	2.5
備考 　この表において，走行時の基準無負荷状態及び走行時の基準負荷状態とは，フオークリフトの種類に応じ，それぞれ前三条の表に掲げる走行時の基準無負荷状態及び走行時の基準負荷状態をいう（次項の表において同じ。）		

③　第 1 項の制動装置のうち停止の状態を保持するための制動装置は，次の表の上欄（編注：左欄）に掲げるフオークリフトの状態に応じ，それぞれ同表の下欄（編注：右欄）に掲げるこう配の床面で当該フオークリフトを停止の状態に保持することができる性能を有するものでなければならない。

フオークリフトの状態	こう配（単位　パーセント）
走行時の基準無負荷状態	20
走行時の基準負荷状態	15

（方向指示器）

第 5 条　フオークリフトは，方向指示器を左右に 1 個ずつ備えるものでなければならない。ただし，最高速度が 20 キロメートル毎時未満のフオークリフトで，かじ取りハンドルの中心からフオークリフトの最外側までの距離が 65 センチメートル未満であり，かつ，運転者席が車室内にないものについては，この限りでない。

（警報装置）

第 6 条　フオークリフトは，警報装置を備えるものでなければならない。

（油圧装置の安全弁）

第 7 条　フオークリフトの油圧装置は，油圧の過度の昇圧を防止するための安全弁を備えるものでなければならない。

（フオーク等）

第8条 フオーク等（フオーク，ラム等荷を積載する装置をいう。以下第12条第4号において同じ。）は，次に定めるところに適合するものでなければならない。

　１　材料は，鋼材とし，著しい損傷，変形又は腐食がないものであること。

　２　フオークにあつては，基準荷重中心に最大荷重の荷を負荷させたときにフオークに生ずる応力の値は，当該フオークの鋼材の降伏強さの値の3分の1の値以下であること。

（リフトチエーン）

第9条 フオークリフトの荷役装置に使用するチエーン（以下この条において「リフトチエーン」という。）は，安全係数が5以上のものでなければならない。

② 前項の安全係数は，リフトチエーンの破断荷重の値を，当該リフトチエーンにかかる荷重の最大の値で除して得た値とする。

（墜落防止設備）

第10条 運転者席が昇降する方式のフオークリフトは，運転者席に，手すりその他墜落による労働者の危険を防止するための設備を備えるものでなければならない。

（運転者の座席）

第11条 運転者が坐つて運転する方式のフオークリフトの運転者の座席は，緩衝材の使用により走行時に運転者の身体に著しい振動を与えない構造のものでなければならない。

（表示）

第12条 フオークリフトは，運転者の見やすい位置に，次の事項が表示されているものでなければならない。

　１　製造者名

　２　製造年月日又は製造番号

　３　最大荷重

　４　許容荷重（フオークリフトの構造及び材料並びにフオーク等に積載する荷の重心位置に応じ負荷させることができる最大の荷重をいう。）

（特殊な構造のフオークリフト）

第13条 特殊な構造のフオークリフト又はその部分で，都道府県労働局長が第1条から第11条までの規定に適合するものと同等以上の性能又は効力があると認めたものについては，この告示の関係規定は，適用しない。

フォークリフト運転技能講習規程

昭和47年9月30日労働省告示第111号
最終改正 平成30年8月13日厚生労働省告示第303号

　労働安全衛生規則（昭和47年労働省令第32号）第83条の規定に基づき，フォークリフト運転技能講習規程を次のように定め，昭和47年10月1日から適用する。

（講師）

第1条 フォークリフト運転技能講習（以下「技能講習」という。）の講師は，労働安全衛生法（昭和47年法律第57号）**別表第20第17号の表**の講習科目の欄に掲げる講習科目に応じ，それぞれ同表の条件の欄に掲げる条件のいずれかに適合する知識経験を有する者とする。

 解説 **講師**

〈法別表第20第17号〉

　フォークリフト運転技能講習及びショベルローダー等運転技能講習

講習科目		条件
学科講習	走行に関する装置の構造及び取扱いの方法に関する知識	1　大学等において機械工学に関する学科を修めて卒業した者であること。 2　高等学校等において機械工学に関する学科を修めて卒業した者で，その後3年以上自動車の設計，製作，検査又は整備の業務に従事した経験を有するものであること。 3　前二号に掲げる者と同等以上の知識経験を有する者であること。
	荷役に関する装置の構造及び取扱いの方法に関する知識	1　大学等において機械工学に関する学科を修めて卒業した者であること。 2　高等学校等において機械工学に関する学科を修めて卒業した者で，その後3年以上フォークリフト又はショベルローダー等の設計，製作，検査又は整備の業務に従事した経験を有するものであること。 3　前二号に掲げる者と同等以上の知識経験を有する者であること。
	運転に必要な力学に関する知識	1　大学等において力学に関する学科を修めて卒業した者であること。 2　高等学校等において力学に関する学科を修めて卒業した者で，その後3年以上フォークリフト又はショベルローダー等の運転の業務に従事した経験を有するものであること。 3　前二号に掲げる者と同等以上の知識経験を有する者であること。
	関係法令	1　大学等を卒業した者で，その後1年以上安全の実務に従事した経験を有するものであること。 2　前号に掲げる者と同等以上の知識経験を有する者であること。
実技講習	走行の操作荷役の操作	1　大学等において機械工学に関する学科を修めて卒業した者で，その後1年以上フォークリフト又はショベルローダー等の運転の業務に従事した経験を有するものであること。 2　高等学校等において機械工学に関する学科を修めて卒業した者で，その後3年以上フォークリフト又はショベルローダー等の運転の業務に従事した経

実技講習	走行の操作 荷役の操作	験を有するものであること。 3　フォークリフト運転技能講習又はショベルローダー等運転技能講習を修了した者で，その後 5 年以上フォークリフト又はショベルローダー等の運転の業務に従事した経験を有するものであること。 4　前三号に掲げる者と同等以上の知識経験を有する者であること。

【解釈】（平 16.3.19 基発第 0319009 号，平 21.3.31 基発第 0331040 号，平 30.8.13 基発 0813 第 1 号）

1　表の「条件」の欄の「設計，製作，検査又は整備の業務」とは，設計，製作，検査又は整備の業務に直接従事する者のほか，これらの業務に直接従事する者を管理，監督する工作係長，検査係長等の業務が含まれるものであること。

2　表の「走行に関する装置の構造及び取扱いの方法に関する知識」の項の「条件」の欄第 3 号の「同等以上の知識経験を有する者」は，次に掲げる者が該当すること。

(1)　労働安全衛生規則別表第 3「令第 20 条第 11 号の業務」の項の各号に該当する者，道路交通法第 84 条第 3 項に規定する大型自動車免許，中型自動車免許，準中型自動車免許，普通自動車免許若しくは大型特殊自動車免許を有する者又は道路交通法第 84 条第 4 項に規定する大型自動車第二種免許，中型自動車第二種免許，普通自動車第二種免許若しくは大型特殊自動車第二種免許を有する者で，10 年以上フォークリフトの運転の業務に従事した経験を有するもの

(2)　職業能力開発促進法第 28 条に規定する職業訓練指導員免許のうち，建設機械科，建設機械運転科，自動車整備科，内燃機関科又はフォークリフト科の職種に係る免許を受けた者

(3)　道路運送車両法第 55 条の規定による技能検定に合格した者で，1 級，2 級又は 3 級の自動車整備士の資格を有するもの

3　表の「荷役に関する装置の構造及び取扱いの方法に関する知識」の項の「条件」の欄第 3 号の「同等以上の知識経験を有する者」は，労働安全衛生規則別表第 3「令第 20 条第 11 号の業務」の項の各号に該当する者若しくは大型特殊自動車免許（装軌式自動車についての限定付免許を除く。）を有する者で，10 年以上フォークリフトの運転の業務に従事した経験を有するものが該当すること。

4　表の「運転に必要な力学に関する知識」の項の「条件」の欄第 3 号の「同等以上の知識経験を有する者」は，次に掲げる者が該当すること。

(1)　高等学校等において力学に関する学科を修めて卒業した者で，その後 3 年以上フォークリフトの運転者を管理，監督する運転係長等の業務に従事した経験を有するもの

(2)　高等学校等において力学に関する学科を修めて卒業した者で，その後 3 年以上，クレーン，デリック，揚貨装置，機械集材装置又は運材索道の設計，検査又は運転に関する業務に従事した経験を有するもの

(3)　10 年以上フォークリフトの運転の業務又はフォークリフトの運転者を管理，監督する運転係長等の業務に従事した経験を有するもの

5　表の「関係法令」の項の「条件」の欄第 2 号の「同等以上の知識経験を有する者」は，次に掲げる者が該当すること。

(1)　高等学校等を卒業した者で，その後 5 年以上安全の実務に従事した経験を有するもの

(2)　10 年以上安全の実務に従事した経験を有する者

6　表の「走行の操作」「荷役の操作」の項の「条件」の欄第 4 号の「同等以上の知識経験を有する者」は，次に掲げる者が該当すること。

(1) 大型特殊自動車免許（装軌式自動車についての限定付免許を除く。）を有する者で，その後5年以上フオークリフトの運転の業務に従事した経験を有するもの

(2) 道路交通法第99条第1項第2号に規定する技能検定員（大型特殊自動車免許（カタピラを有する自動車のみを運転することを免許の条件とするものを除く。）に係るものに限る。）又は同項第3号に規定する教習指導員（技能指導員を含む。大型特殊自動車免許（カタピラを有する自動車のみを運転することを免許の条件とするものを除く。）に係るものに限る。）

(3) フオークリフトを製造する事業場に附属して設けられたフオークリフトに関する教習施設において，規定の適用の際（昭和43年4月1日）現にフオークリフトの走行及び荷役の操作に関する教習の業務に従事している者

（講習科目の範囲及び時間）

第2条 技能講習のうち学科講習は，次の表の上欄（編注：左欄）に掲げる講習科目に応じ，それぞれ，同表の中欄に掲げる範囲について同表の下欄（編注：右欄）に掲げる講習時間により，教本等必要な教材を用いて行うものとする。

講習科目	範囲	講習時間
走行に関する装置の構造及び取扱いの方法に関する知識	フオークリフトの原動機，動力伝達装置，走行装置，かじ取り装置及び制動装置並びに方向指示器，警報装置その他のフオークリフトの走行に関する附属装置の構造及び取扱いの方法	4 時間
荷役に関する装置の構造及び取扱いの方法に関する知識	フオークリフトの荷役装置，油圧装置（安全弁を含む。），ヘッドガード及びバツクレスト並びにラム，バケツトその他のフオークリフトの荷役に関する附属装置の構造及び取扱いの方法	4 時間
運転に必要な力学に関する知識	力（合成，分解，つり合い及びモーメント）　重量　重心及び物の安定　速度及び加速度　荷重　応力　材料の強さ	2 時間
関係法令	労働安全衛生法，労働安全衛生法施行令（昭和47年政令第318号）及び労働安全衛生規則中の関係条項	1 時間

② 技能講習のうち実技講習は，次の表の上欄（編注：左欄）に掲げる講習科目に応じ，それぞれ，同表の中欄に掲げる範囲について同表の下欄（編注：右欄）に掲げる講習時間により行なうものとする。

講習科目	範囲	講習時間
走行の操作	基本操作　定められたコースによる基本走行及び応用走行	20 時間
荷役の操作	基本操作　フオークの抜き差し　荷の配列及び積み重ね	4 時間

③ 第1項の学科講習は，おおむね100人以内の受講者を，前項の実技講習は，10人以内の受講者を，それぞれ1単位として行うものとする。

解説　講習科目の範囲及び時間

【解釈】(昭43.2.19安発第21号)
1　各表中の「講習時間」の欄に掲げる時間数は，最低必要時間数を示すものであること。
2　本条第2項の実技講習は，基本操作のほか，3のコースにおいて，発進，停止，加速，減速，右折，左折，後進等の基本走行，荷を積んで行う方向変換，障害物の通過等の応用走行および積み取り，積み重ね等の荷役の操作を，最大荷重が1t以上のフォークリフトを使用して各受講者にそれぞれ実際に行わせるものであること。この場合，必要に応じ，講師が受講者の運転するフォークリフトに同乗して指導するものとすること。
3　コースは，別図1に示す単位のコースを講習場所の広さに応じて適当に組み合わせるものとすること。なお，このほか，適当な周回コース(長円形のコース)を追加することが望ましいこと。

別図1

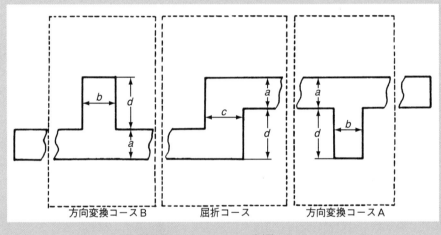

方向変換コースB　　屈折コース　　方向変換コースA

a＝(試験用フォークリフトの全幅)×2.1
b＝(試験用フォークリフトの全幅)×2.1＋10cm
c＝(試験用フォークリフトの全幅)×2.5
d＝(試験用フォークリフトの全長)×1.15

(講習科目の受講の一部免除)

第3条　次の表の上欄(編注：左欄)に掲げる者は，それぞれ同表の下欄(編注：右欄)に掲げる講習科目について，当該科目の受講の免除を受けることができる。

受講の免除を受けることができる者	講習科目
道路交通法（昭和35年法律第105号）第84条第3項の大型特殊自動車免許（カタピラを有する自動車のみを運転することを免許の条件とするものを除く。）を有する者又は同項の大型自動車免許，中型自動車免許，準中型自動車免許，普通自動車免許若しくは大型特殊自動車免許（カタピラを有する自動車のみを運転することを免許の条件とするものに限る。）を有し，かつ，3月以上フォークリフトの運転の業務に従事した経験を有する者	走行に関する装置の構造及び取扱いの方法に関する知識 走行の操作
道路交通法第84条第3項の大型自動車免許，中型自動車免許，準中型自動車免許，普通自動車免許又は大型特殊自動車免許（カタピラを有する自動車のみを運転することを免許の条件とするものに限る。）を有する者	走行に関する装置の構造及び取扱いの方法に関する知識
6月以上フォークリフトの運転の業務に従事した経験を有する者	走行の操作

解説　講習科目の受講の一部免除

【解釈】（昭43.2.19 安発第21号）
　表の「受講の免除を受けることができる者」欄中「カタピラを有する自動車のみを運転することを免許の条件とするもの」とは，道路交通法第91条の規定により装軌式のトラクタ，ブルドーザ，ショベル等の自動車（以下「装軌式自動車」という。）に限って運転することができる限定付免許をいう意であること。

（修了試験）

第4条　技能講習においては，修了試験を行なうものとする。

②　修了試験は，学科試験及び実技試験とする。

③　学科試験は，技能講習のうち学科講習の科目について，筆記試験又は口述試験によつて行なう。

④　実技試験は，技能講習のうち実技講習の科目について行なう。

⑤　前三項に定めるもののほか，修了試験に関し必要な事項については，厚生労働省労働基準局長の定めるところによる。

解説 修了試験

【解釈】（昭 43.2.19 安発第 21 号）

修了試験については，次によること。

1 学科試験

(1) 学科試験は，筆記試験により行うことを原則とし，口述試験は受験者について筆記試験を行うことが困難である場合に限って行うものとすること。

(2) 試験時間は，全科目を通じ，筆記試験にあっては 1 時間，口述試験にあっては受験者 1 人あたり 20 分とすること。

(3) 試験問題は，学科講習の科目の範囲全般について，受験者が講習内容の知識を十分に知得しているか否かを判定することができる程度のものとすること。

(4) 学科試験の採点の基準は，次によること。

イ 試験の科目ごとの配点は，次のとおりとすること。

(イ) フォークリフトの走行に関する装置の構造および取扱いの方法に関する知識 30 点

(ロ) フォークリフトの荷役に関する装置の構造および取扱いの方法に関する知識 30 点

(ハ) フォークリフトの運転に必要な力学に関する知識 20 点

(ニ) 法および規則中のフォークリフトについての規制に関する知識 20 点

（合計）（100 点）

ロ 採点は，各科目の点数の合計 100 点をもって満点とし，各科目の得点がイに掲げる配点の 40% 以上であって，かつ，全科目の得点が 60 点以上である場合を合格とすること。

2 実技試験

(1) 試験の程度は，フォークリフトを安全かつ正確に運転するために必要な技能の有無を判定することができる程度のものとすること。

(2) 試験用フォークリフトは，最大荷重 1 t 以上のものとし，その種類は限定しないものとすること。

(3) コースは，別図 2 に示す単位のコースを試験場所の広さに応じて適当に組み合わせるものとすること。

(4) コースの上には，次に示す障害物を別図 2 のとおり配置すること。

イ ゲート

竹さお，ロープ等適当な物で作り，その高さは試験用フォークリフトの全高に 45 cm を加えた高さとする。

ロ 障害物

高さ 1.1 m 以上の空箱，パレットその他適当な物

(5) 別図 2 に示す方向変換コース A および B の指定位置に，高さ 1.3〜1.5 m 程度の適当な台（たとえば貨物自動車の荷台等）を置き，その台の上に(6)の試験用パレットを積みおろしする場所を別図 3 に示す寸法のとおりテープ等で明示すること。

(6) 試験用パレットは，原則として，1,000 mm×1,200 mm または 1,100 mm×1,100 mm の大きさのものを使用し，これに重量 1〜2 t 程度の適当な荷（高さ 1 m 以下とすること。）を積み，最初に方向変換コース A の積みおろし場所に置いておくこと。

(7) 試験の実施要領は，次によること。

イ スタート線から発進し，ゲートを通過して方向変換コース A に入る。

ロ　積みおろし場所に置いてある荷積みパレットを積み取り，後進で方向変換コースＡを出，再び前進する。

ハ　前進のまま屈折コースを通過し，方向変換コースＢに入る。

ニ　荷積みパレットを積みおろし場所内におろし，後進で方向変換コースＢを出，そのまま後進でゴール線に至り，所定位置に停止する。

ホ　次の者はニのゴール線をスタート線とし，イのスタート線をゴール線として同じ手順で行う。

ヘ　試験の際は，受験者が交換する都度，メインスイッチを切り，または入れる必要はないこと。

ト　あらかじめ，熟練者に数回模範的に行わせ，その平均所要時間を調べておくこと。

(8)　実技試験の採点は，減点式採点法により行うものとし，その基準は原則として別紙によるものとすること。この場合，満点は100点とし，70点以上である場合を合格とすること。

別図2

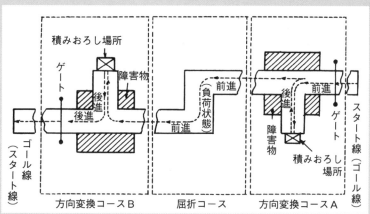

注　コースの寸法は，別図1と同じものとする

別図3

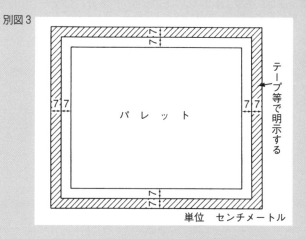

パレット

テープ等で明示する

単位　センチメートル

別紙　減点基準

区分／減点数		5点	3点	2点
走行の操作	乗車			1　右側から乗ること。 2　飛び乗りをすること。
	スタート線からの発進		1　車の直後その他車まわりの安全を確認しないこと 2　フォークの高さが高過ぎること。	1　マストを後傾しないこと。 2　サイドブレーキを解き忘れること。 3　左手でハンドルのノブを握っていないこと。
	走行（荷積みパレットを支持した状態の走行を含む。）	1　コースから脱輪すること。 2　ゲートまたは障害物と接触すること。	1　前進の状態で急停止すること。（荷積みパレットを支持して走行する場合に限る。） 2　フォークの高さが高過ぎること。（荷積みパレットを支持して走行する場合に限る。） 3　後進する際後方の安全を確認しないこと	1　前後進のやり直しをすること。 2　屈折コースを右折または左折する際徐行しないこと。
	ゴール線での停止		1　サイドブレーキを完全にかけないこと。 2　フォークを地上におろさないこと。	1　停止位置が不良であること。 2　変速レバーを中立に戻さないこと。 3　マストを垂直に戻さないこと。
	下車			飛び降りをすること。
荷役の操作	積み取り	荷積みパレットを急降下させること。		1　フォークが荷積みパレットに対して正対していないこと。 2　2本のフォークの中心が荷積みパレットの重心の位置に向いていないこと。 3　フォークの高さが不良であること。 4　マストを前傾しないこと。 5　フォークの差し方が不良であること。 6　荷積みパレットが地切れするまでリフトしないこと。 7　マストを後傾しないこと。
	取りおろし	1　荷積みパレットの取りおろし位置が著しく不良であること。（荷積みパレットの一部が別図3に示すラインの外側をこえるとき） 2　荷積みパレットを急降下させること。	荷積みパレットの取りおろし位置が不良であること。（荷積みパレットの一部が別図3に示すライン上にあるとき）	1　荷積みパレットが取りおろし場所に正対していないこと。 2　フォークの高さが不良であること。
その他全般的事項			1　発進操作その他走行の操作が不良であること。 （急発進，ギヤ鳴り，エンスト等） 2　荷役の操作が粗暴であること。 3　所要時間が熟練者の平均所要時間の2倍以上であること。（30秒を超過するごとにさらに2点減点すること。）	

196

【解釈】（昭 43.6.5 安発第 38 号）

　フォークリフト運転技能講習規程第 1 条に基づいて講習科目の一部を免除される者に対する修了試験の取扱いについて

1　修了試験の採点方法について

(1)　学科試験

　学科試験については，免除科目を除く各科目の得点が 194 ページ（昭 43.2.19 安発第 21 号）の 1 (4)のイに掲げる配点の 40 パーセント以上であって，かつ，得点の合計が免除科目を除く各科目の配点の合計の 60 パーセント以上である場合を合格とすること。

(2)　実技試験

　実技試験については，194〜195 ページ（昭 43.2.19 安発第 21 号）の記 2 の(8)の別紙減点基準の免除科目に係る区分を除く区分の減点の合計が 15 点以下である場合を合格とすること。

第7章 安全衛生特別教育規程（抄）

昭和 47 年 9 月 30 日労働省告示第 92 号
最終改正　平成 31 年 2 月 12 日厚生労働省告示第 32 号

　労働安全衛生規則（昭和 47 年労働省令第 32 号）第 39 条の規定に基づき，安全衛生特別教育規程を次のように定め，昭和 47 年 10 月 1 日から適用する。

第1条〜第6条（省　略）

（フオークリフトの運転の業務に係る特別教育）

第7条　安衛則第 36 条第 5 号に掲げる最大荷重 1 トン未満のフオークリフトの運転の業務に係る特別教育は，学科教育及び実技教育により行なうものとする。

②　前項の学科教育は，次の表の上欄（編注：左欄）に掲げる科目に応じ，それぞれ，同表の中欄に掲げる範囲について同表の下欄（編注：右欄）に掲げる時間以上行なうものとする。

科目	範囲	時間
フオークリフトの走行に関する装置の構造及び取扱いの方法に関する知識	フオークリフトの原動機，動力伝達装置，走行装置，かじ取り装置，制動装置及び走行に関する附属装置の構造並びにこれらの取扱い方法	2 時間
フオークリフトの荷役に関する装置の構造及び取扱いの方法に関する知識	フオークリフトの荷役装置，油圧装置（安全弁を含む。），ヘツドガード，バツクレスト及び荷役に関する附属装置の構造並びにこれらの取扱い方法	2 時間
フオークリフトの運転に必要な力学に関する知識	力（合成，分解，つり合い及びモーメント）重量　重心及び物の安定　速度及び加速度　荷重　応力　材料の強さ	1 時間
関係法令	法，令及び安衛則（編注：労働安全衛生法，労働安全衛生法施行令，労働安全衛生規則）中の関係条項	1 時間

③　第 1 項の実技教育は，次の表の上欄（編注：左欄）に掲げる科目に応じ，それぞれ，同表の中欄に掲げる範囲について同表の下欄（編注：右欄）に掲げる時間以上行なうものとする。

科目	範囲	時間
フオークリフトの走行の基本	基本走行及び応用走行	4 時間
フオークリフトの荷役の操作	基本操作　フオークの抜き差し　荷の配列及び積重ね	2 時間

（以下省略）

第8章 フォークリフトの定期自主検査指針
(労働安全衛生規則第 151 条の 22 の定期自主検査に係るもの)

平成 8 年 9 月 25 日自主検査指針公示第 17 号

　労働安全衛生法(昭和 47 年法律第 57 号)第 45 条第 3 項の規定に基づき,フォークリフトの定期自主検査指針(労働安全衛生規則第 151 条の 22 の定期自主検査に係るもの)を別紙のとおり定める。

I　趣旨

　この指針は,労働安全衛生規則(昭和 47 年労働省令第 32 号)第 151 条の 22 の規定によるフォークリフトの定期自主検査の適正かつ有効な実施を図るため,当該定期自主検査の検査項目,検査方法及び判定基準について定めたものである。

II　検査項目,検査方法及び判定基準

　フォークリフトについては,次の表の左欄に掲げる検査項目に応じて,同表の中欄に掲げる検査方法による検査を行った場合に,それぞれ同表の右欄に掲げる判定基準に適合するものでなければならない。

別紙

	検査項目	検査方法	判定基準
1 動力伝達装置	クラッチ及びクラッチペダル	① アイドリング状態でクラッチを切り，異音の有無を調べるとともに，トランスミッションを変速し，クラッチの切れ具合を調べる ② 操作して，ペダルの遊びを調べる。	① 異音がなく，クラッチが完全に切れること。 ② 遊びが適正であること
2 操縦装置	(1) ハンドル	① 走行状態でハンドルの操作具合を調べる。 ② 遊びを調べる。 ③ 上下左右及び前後に動かして，がたの有無を調べる。	① 操作具合が正常であること。 ② 遊びが適正であること。 ③ がたがないこと。
	(2) ナックル	車輪を浮かせて手動し，キングピンのがたの有無を調べる。	がたがないこと。
	(3) パワーステアリング装置	① 油圧ポンプを作動させ，ポンプ，バルブ，ホース，パイプ等からの油漏れの有無を調べる。 ② ホース及びパイプの損傷の有無を調べる。	① 油漏れがないこと。 ② 著しい損傷がないこと。
	(4) ステアリング用チェーン	張り具合を調べる。	張りが適正であること。
3 制動装置	(1) 走行ブレーキ	① ペダルの遊び及びペダルを踏み込んだときのペダルと床板とのすき間を調べる。 ② 走行させてブレーキの効き具合及び片効きの有無を調べる。 ③ ペダルを操作し，ブレーキの開放状態を調べる。 〔デッドマン式〕	① 遊び及びすき間が適正であること。 ② 片効きがなく，効き具合が適正であること。 ③ 開放が確実であること。
	(2) 駐車ブレーキ	① レバーをいっぱいに引いた状態で，引きしろの余裕の有無を調べる。 〔ラチェット式〕 ② 平坦な床面又は路面で低速走行させてブレーキの効き具合を調べる。	① 余裕があること。 ② 効き具合が正常であること。
	(3) オイルブレーキ	① ペダルを反復操作した後，マスターシリンダー及びホイールシリンダーからの油もれの有無を調べる。 ② リザーバータンク内の油量を調べる。	① 油漏れがないこと。 ② 油量が適正であること。
4 荷役装置	(1) フォーク	① フォークのき裂及び摩耗の有無を調べる。 ② フォーク止めピン部の摩耗の有無を調べる。	① き裂又は著しい摩耗がないこと。 ② 著しい摩耗がないこと。

	(2) マスト, ストラドルアーム及びリフトブラケット	① き裂の有無を調べる。 ② がたの有無を調べる。	① き裂がないこと。 ② 著しいがたがないこと。
	(3) チェーン	チェーンの張り具合を調べる。	左右均等であること。
	(4) アタッチメント装置	① 本体への取付け状態を調べる。 ② 各部の作動状態及び異音の有無を調べる。	① 正常であること。 ② 正常に作動し, 異音がないこと。
5 油圧装置	(1) 作動油タンク	① 取付け部及び接続部からの油漏れの有無を調べる。 ② 油量を調べる。	① 油漏れがないこと。 ② 油量が適正であること。
	(2) 配管(ホース類, 高圧パイプ)	① 損傷の有無を調べる ② 継手部からの油漏れの有無を調べる。 ③ 取付け状態を調べる。	① 損傷がないこと。 ② 油漏れがないこと。 ③ 取付けが適正であること。
	(3) 油圧ポンプ(駆動装置を含む。)	① パイプ及びホースとの継手部並びにシール部からの油漏れの有無を調べる。 ② 作動させて異音の有無を調べる。	① 油漏れがないこと。 ② 異音がないこと。
	(4) 油圧シリンダー〔リフト用〕〔ティルト用〕〔リーチ用〕〔アタッチメント用〕	① 作動状態を調べる。 ② 数回伸縮作動させた後, シール部等からの油漏れの有無を調べる。 ③ ティルトシリンダー取付ピンの摩耗並びに取付けボルト及びナットの緩みの有無を調べる。	① 円滑に作動すること。 ② 油漏れがないこと。 ③ 著しい摩耗又は緩みがないこと。
	(5) 方向制御弁(コントロール弁)	① レバーを操作し, そのがたの有無を調べる。 ② 油漏れの有無を調べる。	① 著しいがたがないこと。 ② 油漏れがないこと。
6 安全装置	ヘッドガード及びバックレスト	① 取付けボルト及びナットの緩みの有無を調べる。 ② き裂及び変形の有無を調べる。	① 緩みがないこと。 ② き裂又は著しい変形がないこと。
7	総合テスト	走行及び作業テストを行い, 各機能を調べる。	各装置が正常に作動し, 異常振動, 異音及び異常発熱がないこと。

フォークリフトの定期自主検査指針
（労働安全衛生規則第 151 条の 21 の定期自主検査に係るもの）
平成 5 年 12 月 20 日自主検査指針公示第 15 号

　労働安全衛生法（昭和 47 年法律第 57 号）第 45 条第 3 項の規定に基づき，フォークリフトの定期自主検査指針（労働安全衛生規則第 151 条の 21 の定期自主検査に係るもの）を次のとおり公示する。

　なお，フォークリフトの定期自主検査指針（昭和 56 年 12 月 28 日付け自主検査指針公示第 3 号）は，廃止する。

（指針　省略）

備考

1　この指針は，フォークリフトについて，労働安全衛生規則（昭和 47 年労働省令第 32 号）第 151 条の 21 の規定により，1 年以内に，定期に自主検査を行う場合の検査項目，検査方法及び判定基準を定めたものである。

2　道路運送車両法（昭和 26 年法律第 185 号）の適用を受けるフォークリフトであって，同法第 48 条第 1 項に基づく定期点検基準に定める点検と同等以上の点検を荷役装置又は作業装置以外の部分について実施し，その点検を行ったことが記録等により確認されるものについては，当該部分に係る自主検査を省略して差し支えないものであること。

　　　　　　　　　※指針の詳細については，中央労働災害防止協会安全衛生情報センターのホームページ（https：//www.jaish.gr.jp/）を参照。

参考資料

陸上貨物運送事業における荷役作業の安全対策ガイドライン(抄)

平成 25 年 3 月 25 日付基発 0325 第 1 号

第1 目的

1 目的

本ガイドラインは，労働安全衛生関係法令等とあいまって，陸上貨物運送事業（以下「陸運業」という。）の事業者（以下「陸運事業者」という。）の労働者が行う荷役作業における労働災害を防止するために，陸運事業者及び荷主・配送先・元請事業者等（以下「荷主等」という。）がそれぞれ取り組むべき事項を具体的に示すことを目的とする。

2 関係者の責務

陸運事業者は，本ガイドラインを指針として，荷役作業における労働災害防止対策の積極的な推進に努めるものとする。

荷主等は，本ガイドラインを指針として，陸運事業者の労働者が荷主等の事業場で行う荷役作業における労働災害の防止のために必要な事項の実施に協力するものとする。

荷役作業を行う陸運事業者の労働者は，陸運事業者の指示，荷主等の作業場所における遵守事項等を守ることにより，荷役作業における労働災害の防止に努めるものとする。

第2 陸運事業者の実施事項

1 安全衛生管理体制の確立等

(1) 荷役災害防止のための担当者の指名

荷役作業における労働災害を防止するための措置を適切に実施する体制を構築するため，次の事項を実施すること。

ア 安全管理者，安全衛生推進者等から荷役災害防止の担当者を指名し，荷役作業における労働災害防止のために果たすべき役割，責任及び権限を定め，必要な対策に取り組ませること。また，それらを労働者に周知すること。

イ 指名した荷役災害防止の担当者に対し，荷役災害防止に必要な教育を実

施すること。

(2)　安全衛生方針の表明，目標の設定及び計画の作成，実施，評価及び改善

　　荷役作業における労働災害を防止するための措置を組織的かつ継続的に実施するため，次の事項を実施すること。

　ア　事業場全体の安全意識を高めるため，事業を統括管理する者は，荷役作業における労働災害防止に関する事項を盛り込んだ安全衛生方針を表明すること。

　イ　安全衛生方針に基づき，荷役作業における労働災害防止に関する事項を盛り込んだ安全衛生目標を設定し，当該目標において一定期間に達成すべき到達点を明らかにするとともに，陸運事業者の労働者及び荷主等に周知すること。

　ウ　荷役作業について，危険性又は有害性等の調査（以下「リスクアセスメント」という。）を実施し，その結果に基づいて労働者の危険等を防止するため必要な措置を講ずること。

　エ　安全衛生目標を達成するための具体的な方策として，一定の期間を区切り，次の事項を含む安全衛生計画を作成するとともに，その計画の実施，評価及び改善を適切に行うこと。

　　①　荷役運搬機械，荷役用具・設備等による労働災害防止に関する事項

　　②　安全衛生教育の実施に関する事項

　　③　荷役災害防止に関する意識の高揚等に関する事項

　　④　腰痛予防等の健康管理に関する事項

(3)　安全衛生委員会等における調査審議，陸運事業者と荷主等による安全衛生協議組織の設置

　　荷役作業における労働災害を防止するための具体的な措置を調査審議するため，次の事項を実施すること。

　ア　安全委員会，衛生委員会又は安全衛生委員会（以下「安全衛生委員会等」という。）において，荷役作業における労働災害防止について調査審議すること。

　イ　反復・定例的に荷の運搬を請け負う荷主等と安全衛生協議組織を設置し，下記4(3)に例示する事項等について協議すること。

2 荷役作業における労働災害防止措置

(1) 基本的な対策

ア 運送の都度，陸運事業者の労働者が荷主等の事業場において荷役作業を行う必要があるか事前に確認すること。また，事前に確認しなかった荷役作業は行わせないこと。

イ 荷主等に確認した荷役作業の内容に応じた適切な安全衛生対策を講ずること。

ウ 荷役作業を行う場所の作業環境や作業内容にも配慮した服装や保護具（保護帽，安全靴等）を着用させること。

エ 荷役作業を行う場所について，荷の積卸しや荷役運搬機械・荷役用具等を使用するために必要な広さの確保，床の凹凸や照度の改善，混雑の緩和，荷や資機材の整理整頓，できるだけ風雨が当たらない荷役作業場所の確保，安全な通路の確保等に努めるとともに，安全に荷役作業を行える状態を保持すること。

オ 陸運業の労働者が荷役作業を行う際に，荷主等から不安全な荷役作業を求められた場合には報告させ，荷主等に対し改善を求めること。

(2) 墜落・転落による労働災害の防止対策

ア 荷役作業を行う労働者に次の事項を遵守させること。

① 荷役作業を行う前に，貨物自動車周辺の床・地面の凹凸等を確認すること。また，資材等が置かれている場合には整理・整頓してから作業を行うこと。

② 不安定な荷の上ではできる限り移動しないこと（一度地面に降りて移動すること。）。

③ 荷締め，ラッピング，ラベル貼り等の作業は，荷や荷台の上で行わず，出来る限り地上から又は地上での作業とすること。

④ 安全帯を取り付ける設備がある場合は，安全帯を使用すること。

⑤ 墜落・転落の危険のある作業においては，墜落時保護用の保護帽を着用すること。

⑥ 荷や荷台の上で作業を行う場合は，フォークリフトの運転者等から見える安全な立ち位置を確保すること。

⑦ 荷や荷台の上で作業を行う場合は，荷台端付近で背を荷台外側に向けないようにし，後ずさりしないこと。

⑧　雨天時等滑りやすい状態で作業を行う場合には，耐滑性のある靴（Fマーク）を使用すること。

⑨　あおりを立てる場合には，必ず固定すること。

⑩　最大積載量が5t以上の貨物自動車の荷台への昇降は，昇降設備を使用すること。最大積載量が5t未満の貨物自動車の荷台への昇降についても，できる限り昇降設備（踏み台等の簡易なものでもよい。）を使用すること。

⑪　荷や荷台，貨物自動車の運転席への昇降（乗降）については，三点確保（手足の4点のどれかを動かす時に残り3点で確保しておくこと）を実行すること。

イ　荷台の上での作業については，できるだけあおりに取り付ける簡易作業床や移動式プラットホーム等を使用するなどし，荷台のあおりに乗っての作業を避けること。

ウ　貨物自動車の荷台への昇降設備を用意すること。

エ　タンクローリーへの給油作業のようにタンク上部に登って行う作業や荷台に積み上げた荷の上での作業等での墜落・転落災害を防止するため，できるだけ施設側に安全帯取付設備（親綱，フック等）を設置すること。

(3)　荷役運搬機械，荷役用具・設備による労働災害の防止対策

【フォークリフトによる労働災害の防止対策】

ア　フォークリフトの運転は，最大荷重に合った資格を有している労働者に行わせること。

イ　所有するフォークリフトの定期自主検査を実施すること。

ウ　作業計画を作成すること。

エ　労働者が複数で荷役作業を行う場合は，作業指揮者を配置すること。

オ　フォークリフトを用いて荷役作業を行う労働者に，次の事項を遵守させること。

①　フォークリフトの用途外使用（人の昇降等）をしないこと。

②　荷崩れ防止措置を行うこと。

③　シートベルトを装備しているフォークリフトの運転時にはシートベルトを着用すること。

④　フォークリフトを停車したときは逸走防止措置を確実に行うこと。万一，フォークリフトが動き出したときは，止めようとしたり，運転席に

乗り込もうとしないこと。

　⑤　マストとヘッドガードに挟まれる災害を防止するため，運転席から身を乗り出さないこと。

　⑥　運転者席が昇降する方式のフォークリフトを使用する場合は，安全帯の使用等の墜落防止措置を講じること。

　⑦　急停止，急旋回を行わないこと。

　⑧　荷役作業場の制限速度を遵守すること。

　⑨　バック走行時には，後方（進行方向）確認を徹底すること。

　⑩　フォークに荷を載せての前進時には，前方（荷の死角）確認を徹底すること。

　⑪　構内を通行する時は，他者が運転するフォークリフトとの接触を防ぐため，安全通路を歩行するとともに，荷の陰等から飛び出さないこと。

カ　構内におけるフォークリフト使用のルール（制限速度，安全通路等）を定め，荷役作業を行う労働者の見やすい場所に掲示すること。

キ　通路の死角部分へのミラー設置等を行うとともに，フォークリフトの運転者にこれらを周知すること。

ク　フォークリフトの走行場所と歩行通路を区分すること。

（以下省略）

(6)　その他の労働災害の防止対策

ア　荷役作業を行う労働者に対し，次の事項を遵守させること。

　①　ロープ解きの作業，シート外しの作業を行う場合は，荷台上の荷の落下の危険がないことを確認した後に行うこと。

　②　荷室扉を開ける場合は，運行中に荷崩れした荷や仕切り板が落下してこないか確認しながら行うこと。

　③　あおりを下ろす場合は，荷台上の荷の落下の危険がないことを確認した後に行うこと。

　④　鋼管，丸太，ロール紙等は，歯止め等を用いて確実に荷崩れを防止すること。

　⑤　停車中の貨物自動車の逸走防止措置を確実に行うこと。万一，貨物自動車が動き出したときは，止めようとしたり，運転席に乗り込もうとしないこと。

イ　崩壊・倒壊，踏み抜き等のパレットの破損による労働災害を防止するた

め，パレットの破損状況を確認し，破損している場合は交換すること。

3　荷役作業の安全衛生教育の実施

　荷役作業は，運送の都度，荷の種類，積卸しのための施設・設備等が異なる場合が多く，施設・設備面の改善による安全化を図りにくい特徴がある。

　また，荷役作業は，荷主先等において，単独又は荷主等の労働者と共同で作業が行われることが多く，陸運事業者の労働者については，自社からの直接的な指示・支援を受けにくい特徴もある。

　このような特徴を踏まえると，荷役作業を行う労働者に対し，労働災害防止のための知識を付与するとともに，危険感受性を高め，安全を最優先として荷役作業に取り組むように安全衛生教育を実施することは，荷役作業における労働災害を防止する上で極めて重要である。

　したがって，荷役作業を行う労働者に対し，荷役作業の安全衛生教育を確実に実施するとともに，その内容を一人ひとりの労働者が遵守できるよう日頃から安全衛生意識の醸成に努めること。

(1)　荷役作業従事者に対する安全衛生教育

　　陸運事業者は，荷役作業を行うことになる労働者に対し，雇入れ時教育又は作業内容変更時教育を行う際に，上記2において陸運事業者の労働者に遵守させる必要があるとした事項を含め，次に掲げる事項について安全衛生教育を実施すること。

　　なお，既に荷役作業に従事している陸運業の労働者であって，これらの教育を受けていない労働者についても同様であること。

　　ア　荷役運搬作業における積卸し作業（ロープ掛け，ロープ解きの作業及びシート掛け，シート外しの作業を含む。）の知識

　　イ　荷の種類等

　　ウ　荷役運搬機械等の種類

　　エ　使用器具及び工具

　　オ　作業箇所の安全確認

　　カ　服装及び保護具

　　キ　反復・定例的に荷の運搬を請け負う荷主等の事業場の構内における荷役作業がある場合には，当該構内において留意すべき事項

(2)　労働安全衛生法に基づく資格等の取得

　　以下の資格等について，それぞれの労働者の職務の内容に応じ，対象者，

実施時期，教育内容等を適切に定め，計画的な取得を推進すること。

　ア　フォークリフト

　　㋐　最大荷重１トン以上のフォークリフト（技能講習）

　　㋑　最大荷重１トン未満のフォークリフト（特別教育）

　　㋒　フォークリフト運転業務従事者教育（危険又は有害な業務に現に就いている者に対する安全衛生教育に関する指針（以下「安全衛生教育指針公示」という。）に基づく教育）

　イ　フォークローダー

　　㋐　最大荷重１トン以上のフォークローダー（技能講習）

　　㋑　最大荷重１トン未満のフォークローダー（特別教育）

　　（「ウ　クレーン等」省略）

(3)　作業指揮者等に対する教育

　　以下の作業指揮者等に対する教育について，それぞれの労働者の職務の内容に応じ，対象者，実施時期，教育内容等を適切に定め，計画的な受講を推進すること。

　ア　車両系荷役運搬機械等作業指揮者教育

　イ　積卸し作業指揮者教育

　ウ　危険予知訓練

　エ　リスクアセスメント教育

　オ　腰痛予防管理者教育

(4)　日常の教育

　　陸運事業者は，荷役作業を行う労働者に対し，上記２において労働者に遵守させる必要があるとした事項について，繰り返し教育を行い，その徹底を求めること。

　　また，こうした教育においては，災害事例（厚生労働省ホームページ：職場の安全サイト等）を用いるほか，実際の荷役作業を想定したイラストシート，写真等を用いて，荷役作業を行う労働者に潜在的危険性を予知させ，その防止対策を立てさせることにより，安全を確保する能力を身につけさせる危険予知訓練を行うこと。

4　陸運事業者と荷主等との連絡調整

(1)　荷役作業における役割分担の明確化

　　荷役作業による労働災害が減少しない要因として，荷役作業における陸運

事業者と荷主等の役割分担が明確になっておらず，その結果として荷役作業における安全対策の責任分担も曖昧になっている場合があることが挙げられる。

このため，運送契約時に，荷役作業における陸運事業者と荷主等との役割分担を明確にすることは重要である。

こうした点を踏まえ，陸運事業者と荷主等は，荷役作業等の付帯業務について書面契約の締結を推進すること。

(2) 荷役作業実施における陸運事業者と荷主等との連絡調整

上記2(1)アのとおり，運送の都度，陸運事業者の労働者が荷主等の事業場において荷役作業を行う必要があるかについて事前に確認すること。

確認の結果，荷役作業がある場合には，運搬物の重量，荷役作業の方法等の荷役作業の内容を安全作業連絡書（参考例を参照）等を使用して把握するとともに，陸運事業者の労働者が荷主等の事業場で使用する荷役運搬機械の運転に必要な資格等を有しているか併せて確認すること。

(3) 陸運事業者と荷主等による安全衛生協議組織の設置

荷主等の事業場において，陸運事業者の労働者が反復定例的に荷役作業を行う場合には，安全な作業方法の確立等について，陸運事業者と荷主等で協議する場を設けること。

具体的には，荷台等からの墜落・転落災害，荷役運搬機械等による災害，転倒や動作の反動・無理な動作による災害の防止対策等について協議するほか，合同で荷役作業場所の巡視，リスクアセスメントの実施等を行うこと。

また，荷役作業を行うことによる身体的な負荷を考慮して，運行計画のあり方や荷主先における休憩施設の設置等についても併せて協議すること。

5　自動車運転者に荷役を行わせる場合の措置（略）

6　陸運事業者間で業務請負等を行う場合の措置（略）

第3　荷主等の実施事項

1　安全衛生管理体制の確立等（略）

2　荷役作業における労働災害防止措置

(1) 基本的な対策（略）

(2) 墜落・転落による労働災害の防止対策

ア　荷主等が管理する施設において，できるだけプラットホーム（移動式の

ものを含む。），墜落防止柵・安全ネット，荷台への昇降設備等の墜落・転落防止のための施設，設備を用意すること。

イ　荷主等が管理する施設において，タンクローリー上部に登って行う作業や荷台に積み上げた荷の上での作業等での墜落・転落災害を防止するため，できるだけ施設側に安全帯取付設備（親綱，フック等）を設置すること。

(3)　荷役運搬機械，荷役用具・設備による労働災害の防止対策

【フォークリフトによる労働災害の防止対策】

ア　陸運事業者の労働者にフォークリフトを貸与する場合は，最大荷重に合った資格を有していることを確認すること。

イ　所有するフォークリフトの定期自主検査を実施すること。

ウ　陸運事業者に対し，作業計画の作成に必要な情報を提供すること。

エ　荷主等の労働者が運転するフォークリフトにより，陸運事業者の労働者が被災することを防止するため，荷主等の労働者にフォークリフトによる荷役作業に関し，必要な安全教育を行うこと。

オ　荷主等の管理する施設において，構内におけるフォークリフト使用のルール（制限速度，安全通路等）を定め，労働者の見やすい場所に掲示すること。

カ　荷主等の管理する施設において，構内制限速度の掲示，通路の死角部分へのミラー設置等を行うとともに，フォークリフトの運転者にこれらを周知すること。

キ　荷主等の管理する施設において，フォークリフトの走行場所と歩行通路を区分すること。

（以下省略）

(6)　その他の労働災害の防止対策

荷主等が用意したパレットについて，崩壊・倒壊，踏み抜き等のパレットの破損による労働災害を防止するため，パレットの破損状況を確認し，破損している場合は交換すること。

3　荷役作業の安全衛生教育の実施（略）

4　陸運事業者と荷主等との連絡調整（略）

参考

安全作業連絡書（例）

　この安全作業連絡書は、荷の積卸し作業の効率化と安全確保を図る観点から荷主と配送先の作業環境に関する情報をあらかじめ陸運業者の労働者であるドライバーに提供するためのものです。

発　　　　地		着　　　　地	
積 込 作 業 月 日	月　　日（　　）	取卸作業月日	月　　　日（　　）
積 込 開 始 時 刻	時　　　分	取卸開始時刻	時　　　分
積 込 終 了 時 刻	時　　　分	取卸終了時刻	時　　　分
積 込 場 所	1. 屋内　　2. 屋外 1. 荷主専用荷捌場 2. トラックターミナル 3. その他（　　　　　　　　）	取 卸 場 所	1. 屋内　　2. 屋外 1. 荷主専用荷捌場 2. トラックターミナル 3. その他 （　　　　　　　　）
積 荷　品　　　名			
	危 険 ・ 有 害 性	有・無（　　　　　　　　）	
	数　　　　量		
	総　　重　　量	kg（　　　　　　kg/個）	
	積　　　　付	1.　バ ラ　　　2.　パ レ タ イ ズ　　　　3.　そ の 他 （　　　　　　　　　　）	
積込作業	作 業 の 分 担	1. 荷主側 2. 運送業者側 3. 荷主・運送業者共同	取卸作業
		作業の分担	1. 荷主側 2. 運送業者側 3. 荷主・運送業者共同
	作 業 者 数	名	作 業 者 数	名
	使 用 荷 役 機　　　械	有・無 1. フォークリフト 2. その他 （　　　　　　　　）	使 用 荷 役 機　　　　械	有・無 1. フォークリフト 2. その他 （　　　　　　　　）
免 許 資 格 等		1. フォークリフト 2. 玉掛け 3. はい作業 4. その他 （　　　　　　　　）	免 許 資 格 等	1. フォークリフト 2. 玉掛け 3. はい作業 4. その他 （　　　　　　　　）
その他特記事項　※「安全靴、保護帽を着用のこと」など安全上の注意等を記入すること。			

危険性又は有害性等の調査等に関する指針

（労働安全衛生法第28条の2第2項の規定に基づく危険性又は有害性等の調査等に関する指針）

平成18年3月10日危険性又は有害性等の調査等に関する指針公示第1号

1　趣旨等

　生産工程の多様化・複雑化が進展するとともに，新たな機械設備・化学物質が導入されていること等により，労働災害の原因が多様化し，その把握が困難になっている。

　このような現状において，事業場の安全衛生水準の向上を図っていくため，労働安全衛生法（昭和47年法律第57号。以下「法」という。）第28条の2第1項において，労働安全衛生関係法令に規定される最低基準としての危害防止基準を遵守するだけでなく，事業者が自主的に個々の事業場の建設物，設備，原材料，ガス，蒸気，粉じん等による，又は作業行動その他業務に起因する危険性又は有害性等の調査（以下単に「調査」という。）を実施し，その結果に基づいて労働者の危険又は健康障害を防止するため必要な措置を講ずることが事業者の努力義務として規定されたところである。

　本指針は，法第28条の2第2項の規定に基づき，当該措置が各事業場において適切かつ有効に実施されるよう，その基本的な考え方及び実施事項について定め，事業者による自主的な安全衛生活動への取組を促進することを目的とするものである。

　また，本指針を踏まえ，特定の危険性又は有害性の種類等に関する詳細な指針が別途策定されるものとする。詳細な指針には，「化学物質等による労働者の危険又は健康障害を防止するため必要な措置に関する指針」，機械安全に関して厚生労働省労働基準局長の定めるものが含まれる。

　なお，本指針は，「労働安全衛生マネジメントシステムに関する指針」（平成11年労働省告示第53号）に定める危険性又は有害性等の調査及び実施事項の特定の具体的実施事項としても位置付けられるものである。

2　適用

　本指針は，建設物，設備，原材料，ガス，蒸気，粉じん等による，又は作業行動その他業務に起因する危険性又は有害性（以下単に「危険性又は有害性」という。）

であって，労働者の就業に係る全てのものを対象とする。

3　実施内容

　事業者は，調査及びその結果に基づく措置（以下「調査等」という。）として，次に掲げる事項を実施するものとする。

(1)　労働者の就業に係る危険性又は有害性の特定

(2)　(1)により特定された危険性又は有害性によって生ずるおそれのある負傷又は疾病の重篤度及び発生する可能性の度合（以下「リスク」という。）の見積り

(3)　(2)の見積りに基づくリスクを低減するための優先度の設定及びリスクを低減するための措置（以下「リスク低減措置」という。）内容の検討

(4)　(3)の優先度に対応したリスク低減措置の実施

4　実施体制等

(1)　事業者は，次に掲げる体制で調査等を実施するものとする。

　ア　総括安全衛生管理者等，事業の実施を統括管理する者（事業場トップ）に調査等の実施を統括管理させること。

　イ　事業場の安全管理者，衛生管理者等に調査等の実施を管理させること。

　ウ　安全衛生委員会等（安全衛生委員会，安全委員会又は衛生委員会をいう。）の活用等を通じ，労働者を参画させること。

　エ　調査等の実施に当たっては，作業内容を詳しく把握している職長等に危険性又は有害性の特定，リスクの見積り，リスク低減措置の検討を行わせるように努めること。

　オ　機械設備等に係る調査等の実施に当たっては，当該機械設備等に専門的な知識を有する者を参画させるように努めること。

(2)　事業者は，(1)で定める者に対し，調査等を実施するために必要な教育を実施するものとする。

5　実施時期

(1)　事業者は，次のアからオまでに掲げる作業等の時期に調査等を行うものとする。

　ア　建設物を設置し，移転し，変更し，又は解体するとき。

　イ　設備を新規に採用し，又は変更するとき。

　ウ　原材料を新規に採用し，又は変更するとき。

エ　作業方法又は作業手順を新規に採用し，又は変更するとき。

オ　その他，次に掲げる場合等，事業場におけるリスクに変化が生じ，又は生ずるおそれのあるとき。

　(ア)　労働災害が発生した場合であって，過去の調査等の内容に問題がある場合

　(イ)　前回の調査等から一定の期間が経過し，機械設備等の経年による劣化，労働者の入れ替わり等に伴う労働者の安全衛生に係る知識経験の変化，新たな安全衛生に係る知見の集積等があった場合

(2)　事業者は，(1)のアからエまでに掲げる作業を開始する前に，リスク低減措置を実施することが必要であることに留意するものとする。

(3)　事業者は，(1)のアからエまでに係る計画を策定するときは，その計画を策定するときにおいても調査等を実施することが望ましい。

6　対象の選定

事業者は，次により調査等の実施対象を選定するものとする。

(1)　過去に労働災害が発生した作業，危険な事象が発生した作業等，労働者の就業に係る危険性又は有害性による負傷又は疾病の発生が合理的に予見可能であるものは，調査等の対象とすること。

(2)　(1)のうち，平坦な通路における歩行等，明らかに軽微な負傷又は疾病しかもたらさないと予想されるものについては，調査等の対象から除外して差し支えないこと。

7　情報の入手

(1)　事業者は，調査等の実施に当たり，次に掲げる資料等を入手し，その情報を活用するものとする。入手に当たっては，現場の実態を踏まえ，定常的な作業に係る資料等のみならず，非定常作業に係る資料等も含めるものとする。

ア　作業標準，作業手順書等

イ　仕様書，化学物質等安全データシート（MSDS）等，使用する機械設備，材料等に係る危険性又は有害性に関する情報

ウ　機械設備等のレイアウト等，作業の周辺の環境に関する情報

エ　作業環境測定結果等

オ　混在作業による危険性等，複数の事業者が同一の場所で作業を実施する状況に関する情報

カ 災害事例，災害統計等

キ その他，調査等の実施に当たり参考となる資料等

(2) 事業者は，情報の入手に当たり，次に掲げる事項に留意するものとする。

ア 新たな機械設備等を外部から導入しようとする場合には，当該機械設備等の
メーカーに対し，当該設備等の設計・製造段階において調査等を実施すること
を求め，その結果を入手すること。

イ 機械設備等の使用又は改造等を行おうとする場合に，自らが当該機械設備等
の管理権原を有しないときは，管理権原を有する者等が実施した当該機械設備
等に対する調査等の結果を入手すること。

ウ 複数の事業者が同一の場所で作業する場合には，混在作業による労働災害を
防止するために元方事業者が実施した調査等の結果を入手すること。

エ 機械設備等が転倒するおそれがある場所等，危険な場所において，複数の事
業者が作業を行う場合には，元方事業者が実施した当該危険な場所に関する調
査等の結果を入手すること。

8 危険性又は有害性の特定

(1) 事業者は，作業標準等に基づき，労働者の就業に係る危険性又は有害性を特定
するために必要な単位で作業を洗い出した上で，各事業場における機械設備，作
業等に応じてあらかじめ定めた危険性又は有害性の分類に則して，各作業におけ
る危険性又は有害性を特定するものとする。

(2) 事業者は，(1)の危険性又は有害性の特定に当たり，労働者の疲労等の危険性又
は有害性への付加的影響を考慮するものとする。

9 リスクの見積り

(1) 事業者は，リスク低減の優先度を決定するため，次に掲げる方法等により，危
険性又は有害性により発生するおそれのある負傷又は疾病の重篤度及びそれらの
発生の可能性の度合をそれぞれ考慮して，リスクを見積もるものとする。ただし，
化学物質等による疾病については，化学物質等の有害性の度合及びばく露の量を
それぞれ考慮して見積もることができる。

ア 負傷又は疾病の重篤度とそれらが発生する可能性の度合を相対的に尺度化
し，それらを縦軸と横軸とし，あらかじめ重篤度及び可能性の度合に応じてリ
スクが割り付けられた表を使用してリスクを見積もる方法

　イ　負傷又は疾病の発生する可能性とその重篤度を一定の尺度によりそれぞれ数
　　値化し，それらを加算又は乗算等してリスクを見積もる方法

　ウ　負傷又は疾病の重篤度及びそれらが発生する可能性等を段階的に分岐してい
　　くことによりリスクを見積もる方法

(2)　事業者は，(1)の見積りに当たり，次に掲げる事項に留意するものとする。

　ア　予想される負傷又は疾病の対象者及び内容を明確に予測すること。

　イ　過去に実際に発生した負傷又は疾病の重篤度ではなく，最悪の状況を想定し
　　た最も重篤な負傷又は疾病の重篤度を見積もること。

　ウ　負傷又は疾病の重篤度は，負傷や疾病等の種類にかかわらず，共通の尺度を
　　使うことが望ましいことから，基本的に，負傷又は疾病による休業日数等を尺
　　度として使用すること。

　エ　有害性が立証されていない場合でも，一定の根拠がある場合は，その根拠に
　　基づき，有害性が存在すると仮定して見積もるよう努めること。

(3)　事業者は，(1)の見積りを，事業場の機械設備，作業等の特性に応じ，次に掲げ
　る負傷又は疾病の類型ごとに行うものとする。

　ア　はさまれ，墜落等の物理的な作用によるもの

　イ　爆発，火災等の化学物質の物理的効果によるもの

　ウ　中毒等の化学物質等の有害性によるもの

　エ　振動障害等の物理因子の有害性によるもの
　　また，その際，次に掲げる事項を考慮すること。

　ア　安全装置の設置，立入禁止措置その他の労働災害防止のための機能又は方策
　　（以下「安全機能等」という。）の信頼性及び維持能力

　イ　安全機能等を無効化する又は無視する可能性

　ウ　作業手順の逸脱，操作ミスその他の予見可能な意図的・非意図的な誤使用又
　　は危険行動の可能性

10　リスク低減措置の検討及び実施

(1)　事業者は，法令に定められた事項がある場合にはそれを必ず実施するとともに，
　次に掲げる優先順位でリスク低減措置内容を検討の上，実施するものとする。

　ア　危険な作業の廃止・変更等，設計や計画の段階から労働者の就業に係る危険
　　性又は有害性を除去又は低減する措置

　イ　インターロック，局所排気装置等の設置等の工学的対策

　ウ　マニュアルの整備等の管理的対策

　エ　個人用保護具の使用

(2)　(1)の検討に当たっては，リスク低減に要する負担がリスク低減による労働災害防止効果と比較して大幅に大きく，両者に著しい不均衡が発生する場合であって，措置を講ずることを求めることが著しく合理性を欠くと考えられるときを除き，可能な限り高い優先順位のリスク低減措置を実施する必要があるものとする。

(3)　なお，死亡，後遺障害又は重篤な疾病をもたらすおそれのあるリスクに対して，適切なリスク低減措置の実施に時間を要する場合は，暫定的な措置を直ちに講ずるものとする。

11　記録

　事業者は，次に掲げる事項を記録するものとする。

(1)　洗い出した作業

(2)　特定した危険性又は有害性

(3)　見積もったリスク

(4)　設定したリスク低減措置の優先度

(5)　実施したリスク低減措置の内容

災害事例

> **この章のまとめ**
>
> ・フォークリフトは，物流の合理化，荷役の省力化等に伴い，高性能化，多様化等がはかられてきているが，一方では，フォークリフトに関係する死傷災害が後を絶たない。
>
> ・フォークリフトに関係する死傷災害で多いのは，荷役作業時における「はさまれ・巻き込まれ」災害，「激突され」災害，「墜落・転落」災害，「飛来・落下」災害等で，これらの災害事例を学び，これを教訓として対策に生かすという観点にたった防止対策が立てられることが肝要である。
>
> ・これらの災害事例に共通して言えることは，労働安全衛生規則第 151 条の 3 の正しい「作業計画」作りとその実行，労働安全衛生規則第 151 条の 4 の複数人での作業における「車両系荷役運搬機械等の作業指揮者」，労働安全衛生規則第 151 条の 70 の「積卸し作業指揮者」の選任の重要性である。なぜなら災害のほとんどが，作業計画に基づいた作業，作業手順書どおりの作業をしていなかったこと，すなわち，誤った方法や手抜きで作業を行ったことにより発生しているからである。
>
> ・ここではフォークリフト災害で多い 5 つの事故の型の 12 事例について，その原因と対策および関係する法令を掲載した。

災害事例（事故の型別）一覧

墜落・転落災害

事例1 フォークリフト上のパレットに乗り，棚から段ボール箱を取り出す時，床上に墜落する

事例2 運搬した廃材を焼却場のピットに落とす作業中，フォークリフトとともにピット内に転落する

事例3 ホーム上からリーチフォークリフトとともに運転者が転落する

崩壊，倒壊災害

事例4 倉庫内で米袋のはい付け中にパレットが崩壊する

飛来・落下災害

事例5 フォークリフトでパレット荷を取り出したところ，隣のパレット荷が他の作業者の上に落下する

事例6 高積みしたフォークリフトの積荷が落下する

激突され災害

事例7 フォークリフトにパレットを前方が見えなくなるほど高く積み前進走行していた時，歩行中の者に激突する

はさまれ・巻き込まれ災害

事例8 傾斜地でフォークリフトが横転し，運転していた者が下敷きになる

事例9 後退してきたフォークリフトとトラックの間にはさまれる

事例10 オーダーピッキングフォークリフトで保管棚から荷を搬出中，操作盤と棚材との間にはさまれる

事例11 マストクロスメンバーとヘッドガードに頭部をはさまれる

事例12 リーチフォークリフトと鉄製ラックの間にはさまれる

墜落・転落災害

事例 1　フォークリフト上のパレットに乗り，棚から段ボール箱を取り出す時，
　　　　床上に墜落する

1　事業場　：　陸運業
2　被　害　：　休　業
3　あらまし

　被災者は高さ 3 m の棚から段ボール箱 1 個（重さ 10 kg）を取り出そうとしていた。この棚には梯子が棚の端の方に据え付けられていたので，被災者は近くにいたフォークリフト運転者に頼み，フォークリフトにパレットを差し，その上に乗って棚から段ボール箱を取り出そうと試みた。棚の高さまでパレットを上げ段ボール箱を持ち上げた時，パレットが傾きバランスを崩した被災者は 3 m 下の床上に墜落し負傷した。

4　原　因

　フォークリフトを高所作業車（墜落防止措置（柵や墜落制止用器具等）が装着してあるもの）や梯子代わりという，本来のフォークリフトの用途以外に使用したこと。

5 対 策

① 高いところ（棚等）にある荷を取るときには，高所作業車やオーダーピッキングトラック（ともに墜落・転落防止措置を施したもの）を使用すること。

② 昇降には梯子を使用すること。また昇降や棚上での作業は墜落・転落防止措置（墜落制止用器具，保護帽等の装着）を施して行うこと。

関係法令（要旨）

＝労働安全衛生法＝

第20条（事業者の講ずべき措置等）

　事業者は，機械等による危険を防止するため必要な措置を講じなければならない。

第21条

② 事業者は，労働者が墜落するおそれのある場所，土砂等が崩壊するおそれのある場所等に係る危険を防止するため必要な措置を講じなければならない。

＝労働安全衛生規則＝

第151条の14（主たる用途以外の使用の制限）

　事業者は，フォークリフト等の車両系荷役運搬機械等を荷のつり上げ，労働者の昇降等主たる用途以外の用途に使用してはならない。ただし，労働者に危険を及ぼすおそれのないときは，この限りではない。

［解釈例規］

　「危険を及ぼすおそれのないとき」とは，フォークリフトの転倒のおそれがない場合で，パレット等の周囲に十分な高さの手すり若しくはわく等を設け，かつ，パレット等をフォークに固定すること又は労働者に命綱を使用させること等の措置を講じたときをいうこと。

第151条の3（作業計画）

　事業者は，フォークリフト等の車両系荷役運搬機械を用いて作業を行うときは，当該作業に係る場所の広さ，地形，荷の種類等に適応する作業計画（整理・整頓・清掃を含む）を定め，その作業計画により作業を行わなければならない。また，定められた作業計画を関係作業者に周知させなければならない。

第151条の4（作業指揮者）

　事業者は，フォークリフト等の車両系荷役運搬機械等を用いて作業を行うときは，その作業の指揮者を定め前条の作業計画に基づき作業の指揮を行わせなければならない。

第521条（要求性能墜落制止用器具等の取付設備等）

　事業者は，高さが2メートル以上の箇所で作業を行う場合において，労働者に要求性能墜落制止用器具等を使用させるときは，要求性能墜落制止用器具等を安全に取り付けるための設備等を設けなければならない。

墜落・転落災害

事例2　運搬した廃材を焼却場のピットに落とす作業中，

　　　　フォークリフトとともにピット内に転落する

1　事業場　：　その他の建築工事業

2　被　害　：　死亡

3　あらまし

　この災害は，建築用の型枠製造を行っている事業場において，資材置き場で発生した廃材をフォークリフトで場内の焼却場まで運搬し，焼却用ピットに落とす作業を行っていた時，フォークリフトがピット内に転落し，フォークリフトを運転していた作業者が死亡したものである。

　災害発生当日，資材置き場の責任者である作業者Aは，フォークリフトを使用して焼却用ピットへ廃材を投入する作業を行っていた。

　作業は，フォークリフトに載せた廃材をピットの手前まで運搬し，その場所でフォークを上下させ，その振動によって廃材をピット内に投入していたが，Aは誤ってフォークリフトとともに深さ約 1.5 m のピット内に転落した。Aはピット内から逃げられず，焼死した。

4　原　因

　10年前に焼却場を建設した当初はピット手前1mに車止めが設置されていたが，その後，破損しても修復されなかった。また，作業手順書では，フォークリフトを停止させ，手で廃材を投入することになっていたが，作業者が熱や煙を嫌ったことから，災害発生時点では，作業手順書が守られず，日常的にフォークリフトから直接，廃材を投入する方法で行われており，事業者も黙認していた。

5　対　策

① 　ピットへのフォークリフトの転落を防止する措置を講じること。車止めの破損等によりその機能が維持できない状況が生じた時は，修復するまで間，誘導者を配置し，フォークリフトの誘導をさせるようにすること。

② 　作業手順書に従い，フォークリフトを停止し，手で投入する作業を行うよう作業者に周知徹底すること。

関係法令（要旨）

＝労働安全衛生法＝

第20条（事業者の講ずべき措置等）

　事業者は，機械等による危険を防止するため必要な措置を講じなければならない。

＝労働安全衛生規則＝

第151条の3（作業計画）

　事業者は，車両系荷役運搬機械等を用いて作業を行うときは，当該作業に係る場所の広さ，地形，荷の種類等に適応する作業計画（整理・整頓・清掃を含む）を定め，その作業計画によ

り作業を行わなければならない。また，定められた作業計画を関係労働者に周知させなければならない。

第151条の6（転落等の防止）

② 　事業者は，路肩，傾斜地等で車両系荷役運搬機械等を用いて作業を行う場合において，当該車両系荷役運搬機械等の転倒又は転落により労働者に危険が生ずるおそれのあるときは，誘導者を配置し，その者に当該車両系荷役運搬機械等を誘導させなければならない。

墜落・転落災害

事例3　ホーム上からリーチフォークリフトとともに運転者が転落する

1　事業場　：　一般貨物自動車運送業

2　被　害　：　休　業

3　あらまし

　被災者Aは，カウンターバランスフォークリフトを用いて，ホーム下での荷の積おろし作業に従事していた。ホーム上にリーチフォークリフトが運転者不在で停車しており，積込み作業者のBから作業の邪魔をしているので動かしてほしいと頼まれた。Aは，リーチフォークリフトにキーがついたままになっていたので乗車し，ホームの端近くまで動かして，止めようとしたが慌ててペダルを踏み込んだため，フォークリフトとともに，ホーム下へ落下した。

4　原　因

　リーチフォークリフトが，作業の邪魔になる位置に停車していたこと。運転者は，カウンターバランスフォークリフトの作業に従事しており，リーチフォークリフトの操作には不慣れであったが，作業指揮者の指示ではなく，積込み作業者の依頼によって，リーチフォークリフトの操作を行ったこと。

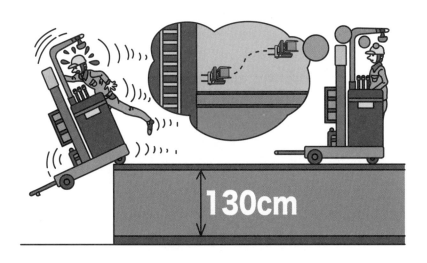

5 対 策

① あらかじめ作業に支障をきたさない場所を定め，そこに停車させること。

② 指示されている車種以外のフォークリフトの運転の禁止を徹底すること。

③ 複数機種の運転を行わせる必要のあるときは，事前に技能・知識についての教育を徹底すること。

④ 危険箇所へ作業者を立ち入らせる場合には，誘導員を配置すること。

関係法令（要旨）

＝労働安全衛生法＝

第20条（事業者の講ずべき措置等）
　事業者は，機械等による危険を防止するため必要な措置を講じなければならない。

第60条の2（安全衛生教育）
　事業者は，その事業場における安全衛生の水準の向上を図るため，危険又は有害な業務に現に就いている者に対し，その従事する業務に対する安全又は衛生のための教育を行うように努めなければならない。

＝労働安全衛生規則＝

第151条の4（作業指揮者）
　事業者は，フォークリフト等の車両系荷役運搬機械等を用いて作業を行うときは，その作業の指揮者を定め前条の作業計画に基づき作業の指揮を行わせなければならない。

第151条の6（転落等の防止）
② 事業者は，路肩，傾斜地等で車両系荷役運搬機械等を用いて作業を行う場合において，当該車両系荷役運搬機械等の転倒又は転落により労働者に危険が生ずるおそれのあるときは，誘導者を配置し，その者に当該車両系荷役運搬機械等を誘導させなければならない。

崩壊，倒壊災害

事例4　倉庫内で米袋のはい付け中にパレットが崩壊する

1　事業場　：　その他

2　被　害　：　死亡

3　あらまし

　この災害は，低温倉庫内において米袋のはい付け作業中に発生したものである。

　この倉庫では，米の集荷時期になると生産者から運ばれてくる米（1袋30kg）を13人の職員とその時期だけ採用する臨時職員約35人で，4つある倉庫に貯蔵しており，各生産者が運んできた米袋を1パレット（30kgの米袋を1段7袋で6段に積み重ねたもの）ごとにフォークリフトによりトラックから降ろし，倉庫内で食料事務所の検査官が検査する。その後，検査が終了したパレットは，倉庫内の低温倉庫にフォークリフトで5パレットずつ積み上げることなっていた。

　午前9時から検査官による検査が開始され，それが終わった10時ごろからフォークリフトでパレットを低温倉庫にはい付けする作業が開始された。

　午前11時ごろ，倉庫の奥の方に5段に積み重ねられたパレットを4列に「はい付け」し，続いてその手前に1段のパレットを3列に「はい付け」した時に，奥の列の右側から3列の上からパレット3段分の米袋が崩壊したが，被災者ら近くにいた4人は逃げたので何ら被害を受けなかった。

　崩壊が収まったので，4人は散乱した米袋を片付け始めたが，午前11時30分ごろ，奥に崩れずに残っていた「はい」の（左側1列）の上からパレット3段分が崩壊し，その近くで片付け作業を行っていた被災者が米袋の下敷きになった。この時，被災者は保護帽を着用していなかった。

4 原 因

米袋のような物がパレットに6段重ねとなっており，それをさらに5段重ねにした「はい」はかなり変形し，不安定であった。また，一次崩壊は幸いにして人身に被害はなかったが，その修復作業を始める前に検討がなされないまま，被災者らが崩壊で散乱した米袋を集める等の作業を行っていたこと。

この作業は，1年に1回，米の収穫時期に行われるものであるが，はい付けの作業手順が定められておらず，安全衛生に関する担当者の指名など安全衛生管理体制もなく，はいの崩壊危険等に関する措置について特段の指示等が行われなかった。

5 対 策

① はい付けの方法について計画を作成し，安全管理を行うこと。

② はい作業主任者を選任すること。

③ はい付け・はい崩しの手順を定め関係者に徹底すること。

④ 荷の安定性について検討すること。

関係法令（要旨）

=労働安全衛生法=

第20条（事業者の講ずべき措置等）

事業者は，機械等による危険を防止するため必要な措置を講じなければならない。

第21条

事業者は，労働者が墜落するおそれのある場所，土砂等が崩壊するおそれのある場所等に係る危険を防止するため必要な措置を講ずるように努めなければならない。

=労働安全衛生法施行令=

第6条（作業主任者を選任すべき作業）

12 高さが2メートル以上のはい（倉庫，上屋又は土場に積み重ねられた荷（小麦，大豆，鉱石等のばら物の荷を除く。）の集団をいう。）のはい付け又ははい崩しの作業（荷役機械の運転者のみによって行われるものを除く。）

=労働安全衛生規則=

第151条の3（作業計画）

事業者は，車両系荷役運搬機械等を用いて作業を行うときは，当該作業に係る場所の広さ，地形，荷の種類等に適応する作業計画（整理・整頓・清掃を含む）を定め，その作業計画により作業を行わなければならない。また，定めら

れた作業計画を関係労働者に周知させなければならない。

第151条の4（作業指揮者）

事業者は，フォークリフト等の車両系荷役運搬機械等を用いて作業を行うときは，その作業の指揮者を定め前条の作業計画に基づき作業の指揮を行わせなければならない。

第429条（はい作業主任者の職務）

事業者は，はい作業主任者に，次の事項を行なわせなければならない。

1 作業の方法及び順序を決定し，作業を直接指揮すること。

2 器具及び工具を点検し，不良品を取り除くこと。

3 当該作業を行なう箇所を通行する労働者を安全に通行させるため，その者に必要な事項を指示すること。

4 はいくずしの作業を行なうときは，はいの崩壊の危険がないことを確認した後に当該作業の着手を指示すること。

5 第427条第1項の昇降をするための設備及び保護帽の使用状況を監視すること。

飛来・落下災害

事例5　フォークリフトでパレット荷を取り出したところ，
　　　　隣のパレット荷が他の作業者の上に落下する

1　事業場　：　陸運業
2　被　害　：　死　亡
3　あらまし

　被災当日，フォークリフト運転者は倉庫内で荷を確認，指示する作業者と2人で，4段積みした自動車部品の入ったパレット荷（1個，縦1.0m，横0.8m，高さ0.9m，重量150kg）8個をトラックに積み込む作業をしていた。

　フォークリフト運転者が荷の一番上と2番目のパレット荷2個を同時に棚から取り出すため，3段目のパレットにフォークを差し込み，バックして引き出したところ隣にあったパレット荷が引っかかり，荷が崩れ，下にいて荷を確認，指示していた他の作業者の頭部を直撃した。

4　原　因

　フォークリフト運転者が隣のパレット荷が引っかかっているのに気が付かず，フォークリフトを後進させ荷を落下させたこと，また荷を確認する作業者が荷の落下しそうな危険な場所にいたこと。

5 対 策

① フォークリフト運転者以外の作業者は，荷が落下しても安全な場所で確認，指示すること。

② 倉庫内のパレット荷は幅，高さ等に余裕を持って保管すること。

③ 車両系荷役運搬機械等を使用して共同作業を行う時は，作業計画（246 ページの例参照）を作成し，作業指揮者を選任し，その計画に従って作業を行うこと。

④ フォークリフト運転業務従事者，特に資格取得後，5 年以上経過している者に対してフォークリフト運転業務従事者安全衛生教育を実施し，技能のレベルアップと安全意識の向上を図ること（努力義務）。

関係法令（要旨）

=労働安全衛生法=

第 20 条（事業者の講ずべき措置等）

　事業者は，機械等による危険を防止するため必要な措置を講じなければならない。

=労働安全衛生規則=

第 151 条の 7（接触の防止）

　事業者は，フォークリフト等の車両系荷役運搬機械等を用いて作業を行うときは，運転中の車両系荷役運搬機械等又はその荷に接触することにより労働者に危険が生じるおそれのある箇所に労働者を立ち入らせてはならない。ただし，誘導者を配置し，その者に当該車両系荷役運搬機械等を誘導させるときは，この限りでない。

第 151 条の 3（作業計画）

　事業者は，フォークリフト等の車両系荷役運搬機械を用いて作業を行うときは，当該作業に係る場所の広さ，地形，荷の種類等に適応する作業計画（整理・整頓・清掃を含む）を定め，その作業計画により作業を行わなければならない。また，定められた作業計画を関係作業者に周知させなければならない。

第 151 条の 4（作業指揮者）

　事業者は，フォークリフト等の車両系荷役運搬機械を用いて作業を行う時は，その作業の指揮者を定め前条の作業計画に基づき作業の指揮を行わせなければならない。

=労働安全衛生法施行令=

第 6 条（作業主任者を選任すべき作業）

12　高さが 2 メートル以上のはい（倉庫，上屋又は土場に積み重ねられた荷（小麦，大豆，鉱石等のばら物の荷を除く。）の集団をいう。）のはい付け又ははい崩しの作業（荷役機械の運転者のみによって行われるものを除く。）

=労働安全衛生規則=

第 429 条（はい作業主任者の職務）

　事業者は，はい作業主任者に次の事項を行わせなければならない。

1　作業の方法及び順序を決定し，作業を直接指揮すること。

2　器具及び工具を点検し，不良品を取り除くこと。

3　当該作業を行う箇所を通行する労働者を安全に通行させるため，その者に必要な事項を指示すること。

4　はいくずしの作業を行うときは，はいの崩壊の危険がないことを確認した後に当該作業の着手を指示すること。

5　第 427 条第 1 項の昇降するための設備及び保護帽の使用状況を監視すること。

飛来・落下災害

事例6　高積みしたフォークリフトの積荷が落下する

1　事業場　：　製造業

2　被　害　：　死　亡

3　あらまし

　被災者は，フォークリフトのフォーク上に合板（縦：91cm　横：182cm　厚さ：6cm）30枚（高さ約1.8m）を載せ，フォークの高さを床面25cmに保って約20m進行した。ところが通路の横に高さ1.2mの柵があり，そのままでは合板が柵に引っかかって通行できないので，被災者は一時停止し，フォークを高さ約1.7mに上げ，走行を開始した。このとき，フォーク上の合板が滑り出し，マストより高い約60cm（約10枚）の合板がマストを超えて滑り落ち，被災者の頭上のヘッドガードを押しつぶした。

4　原　因

　主な原因は，フォークリフトに合板を積み過ぎていたこと，ヘッドガードの強度が不十分だったこと。事前に走行通路の状況を調べておかなかったこと，また運転操作に慎重さが欠けていたこと。

5 対　策

① 十分強度をもったヘッドガードを装備させること。

② 合板等の滑りやすい荷の場合は，バンド掛け等荷崩れ防止対策を行うこと。

③ フォーク上で滑りやすい荷は，バックレストの高さを超えて積まないこと。

④ フォークリフトの作業計画を作成する時，事前に走行通路・幅員・障害物の有無等十分点検し，整備させておくこと。

関係法令（要旨）

＝労働安全衛生法＝

第20条（事業者の講ずべき措置等）

事業者は，機械等による危険を防止するため必要な措置を講じなければならない。

＝労働安全衛生規則＝

第151条の17（ヘッドガード）

事業者は，フォークリフトについては，次に定めるところに適合するヘッドガードを備えたものでなければ使用してはならない。ただし，荷の落下によりフォークリフトの運転者に危険を及ぼすおそれのないときは，この限りではない。

1　強度は，フォークリフトの最大荷重の2倍の値（その値が4トンを超えるものにあっては，4トン）の等分布静荷重に耐えるものであること。

2　上部わくの各開口の幅又は長さは，16センチメートル未満であること。

3　運転者が座って操作する方式のフォークリフトにあっては，運転者の座席の上面からヘッドガードの上部わくの下面までの高さは，95センチメートル以上であること。

4　運転者が立って操作する方式のフォークリフトにあっては，運転者席の床面からヘッドガードの上部のわくの下面までの高さは，1.8メートル以上であること。

[解釈例規]

「荷の落下によるフォークリフトの運転者が危害をうけるおそれがない場合」とは，積荷（積荷が積み重ねられた複数の荷であるときは，最上段の荷）の重心の高さがバックレストの高さ（バックレストを備えなくてもよいときは，フォークの垂直部上端の高さ）以下であり，かつ，積荷以外の荷の落下により，運転者が危害をうけるおそれがない場所でフォークリフトを使用する場合をいうこと。

第151条の3（作業計画）

事業者は，フォークリフト等の車両系荷役運搬機械を用いて作業を行うときは，当該作業に係る場所の広さ，地形，荷の種類等に適応する作業計画（整理・整頓・清掃を含む）を定め，その作業計画により作業を行わなければならない。また，定められた作業計画を関係作業者に周知させなければならない。

第151条の4（作業指揮者）

事業者は，フォークリフト等の車両系荷役運搬機械を用いて作業を行う時は，その作業の指揮者を定め前条の作業計画に基づき作業の指揮を行わせなければならない

激突され災害

事例7　フォークリフトにパレットを前方が見えなくなるほど高く積み　前進走行していた時，歩行中の者に激突する

1　事業場　：　一般貨物自動車運送業

2　被　害　：　休業

3　あらまし

　フォークリフトでパレットの移動作業をしていた作業者が，前方が見えなくなるほどパレットを高く積み前進走行していた時，歩行中の者に気付かず，歩行者の両足首にパレットの最下段が当たり負傷させた。

4　原　因

　フォークリフトのフォークにパレットを高く積み過ぎ，前方が見えにくく被災者に気付かなかったこと。また，被災者が後方から走行してくるフォークリフトに気付かなかったこと。作業エリアと歩行エリアが分離されていなかったこと。

5　対　策

①　フォークリフトは前が見えにくい時は後進走行し視野を広くとること。

②　フォークリフトの近接が容易に分かるように，フォークリフトに警告音や回転式警告灯を設置すること。

③　作業者は，フォークリフトの稼働中は作業エリアに入らないこと。

関係法令（要旨）

＝労働安全衛生法＝

第 20 条（事業者の講ずべき措置等）

　事業者は，機械等による危険を防止するため必要な措置を講じなければならない。

＝労働安全衛生規則＝

第 151 条の 7（接触の防止）

　事業者は，フォークリフト等の車両系荷役運搬機械等を用いて作業を行うときは，運転中の車両系荷役運搬機械等又はその荷に接触することにより労働者に危険が生ずるおそれのある箇所に労働者を立ち入らせてはならない。ただし，誘導者を配置し，その者に当該車両系荷役運搬機械等を誘導させるときは，この限りでない。

はさまれ・巻き込まれ災害

事例8　傾斜地でフォークリフトが横転し，運転していた者が下敷きになる

1　事業場　：　商業

2　被　害　：　死亡

3　あらまし

　事業場の構内で横転したフォークリフトのヘッドガード部に胸部をはさまれた被災者が発見された。

　この災害は，朝礼開始前に発生したこともあり，災害発生時の被災者の作業状況を目撃した者はいないが，横転したフォークリフトの状況，付近に置かれていたコンテナの向き，災害発生場所が傾斜していること，災害発生場所で通常行われているコンテナの方向転換作業等を勘案すると，フォークリフトの方向転換を行う際，フォークリフトがバランスを崩して横転し，運転席から投げ出された被災者が，横転したフォークリフトのヘッドガードの下敷きになったと推定される。

4　原　因

　作業場所の広さや状況（傾斜地）に応じた作業計画が定められておらず，フォークリフトを傾斜地で方向転換させるにあたり，誘導者の配置がなかったこと。また，フォークリフトを用いて行う作業に伴う危険性等を評価し，関係労働者に周知していなかったこと（リスクアセスメントの未実施）。労働者のフォークリフト運転技能を向上させるための教育および労働災害防止に係る安全教育が不十分であったこと。

5 対 策

① フォークリフトを用いた作業を行わせる場合は，作業場所の広さや地形の状況のほか，フォークリフトの能力，荷の種類および形状等を勘案し，フォークリフト作業計画（246ページの例参照）を定め，当該作業計画に基づき作業を実施すること。

② シートベルトを装備しているフォークリフトの運転時には，シートベルトを着用すること。

③ フォークリフトが横転する恐れのある傾斜地でフォークリフトを用いた作業を行う場合は，誘導者を配置し，フォークリフトを誘導させること。

④ フォークリフトを用いた作業を行う労働者に対し，フォークリフトの運転技能を向上させるための教育および労働災害防止等の安全教育を実施すること。

⑤ フォークリフトを用いた作業に関し，フォークリフトの横転等の危険を評価したリスク評価シートを作成し，関係労働者に周知徹底すること。また，把握された危険性等については，運行経路の高低差の解消や安全柵の設置に加え，作業方法・手順を確立し，安全教育を実施するとともに，保護具の着用等による危険性の低減対策を検討し，計画的に改善できるように取り組むこと。

関係法令（要旨）

＝労働安全衛生法＝

第20条（事業者の講ずべき措置等）

事業者は，機械等による危険を防止するため必要な措置を講じなければならない。

第28条の2（事業者の行うべき調査等）

事業者は，建設物，設備，原材料等による，又は作業行動その他業務に起因する危険性又は有害性等を調査し，その結果に基づいて，この法律又はこれに基づく命令の規定による措置を講ずるほか，労働者の危険又は健康障害を防止するため必要な措置を講ずるように努めなければならない。

＝労働安全衛生規則＝

第151条の3（作業計画）

事業者は，車両系荷役運搬機械等を用いて作業を行うときは，当該作業に係る場所の広さ，地形，荷の種類等に適応する作業計画（整理・整頓・清掃を含む）を定め，その作業計画により作業を行わなければならない。また，定められた作業計画を関係労働者に周知させなければならない。

第151条の6（転落等の防止）

② 事業者は，路肩，傾斜地等で車両系荷役運搬機械等を用いて作業を行う場合において，当該車両系荷役運搬機械等の転倒又は転落により労働者に危険が生ずるおそれのあるときは，誘導者を配置し，その者に当該車両系荷役運搬機械等を誘導させなければならない。

はさまれ・巻き込まれ災害

事例9　後退してきたフォークリフトとトラックの間にはさまれる

1　事業場　：　道路貨物運送業

2　被　害　：　死亡

3　あらまし

　雨天時，屋内作業場で被災者がトラックへ荷積みを行うため，荷台の扉を開けていた。近くでフォークリフトによる荷物移動を行っていた作業者は，被災者のトラックを視認したものの，人の姿は見えなかったためフォークリフトを後退させた。トラックの荷台の側にいた被災者はフォークリフトとトラックの間にはさまれて死亡した。フォークリフトの誘導員は配置されていなかった。

4　原　因

　屋内作業場の範囲が狭いため，特に雨天は，フォークリフトと作業者の距離が近付き，接近による危険性が高くなっていたが，誘導員を配置することなく，作業者をフォークリフト付近に立ち入らせたこと。また，フォークリフトおよびトラックについて，運行経路を含む作業計画を定めておらず，同一の場所で荷積み作業を行っていた作業者間で，連絡および調整を行っていなかったこと。

　安全衛生委員会で，フォークリフトに関わるヒヤリ・ハット，事故事例等が報告されていたにも関わらず，立入禁止措置，誘導員の配置等の接触防止措置が検討されておらず，実効性のある活動についての審議が行われていなかったこと。

5 対 策

① 立入禁止範囲の設定，歩行者と車両の経路を区分し，フォークリフトの危険箇所へ作業者を立ち入らせないこと。やむを得ず，作業者を立ち入らせる場合には，誘導員を配置すること。

② フォークリフトおよびトラックについて，運行経路を含む作業計画（246ページの例参照）を定めること。

③ 荷積み作業について，作業者間の連絡および調整を行うこと。

④ 屋内作業場の範囲を広げ，フォークリフトと作業者の接近による危険性を低下させること。

⑤ 安全衛生委員会の活動を活発化させ，災害事例，ヒヤリ・ハット事例について，適切な安全対策を検討させること。

⑥ フォークリフト運転者は，フォークリフトの進行方向の安全確認を確実に行うこと。

関係法令（要旨）

＝労働安全衛生法＝

第20条（事業者の講ずべき措置等）

事業者は，機械等による危険を防止するため必要な措置を講じなければならない。

＝労働安全衛生規則＝

第151条の3（作業計画）

事業者は，車両系荷役運搬機械等を用いて作業を行うときは，当該作業に係る場所の広さ，地形，荷の種類等に適応する作業計画（整理・整頓・清掃を含む）を定め，その作業計画により作業を行わなければならない。また，定められた作業計画を関係労働者に周知させなければならない。

第151条の4（作業指揮者）

事業者は，フォークリフト等の車両系荷役運搬機械等を用いて作業を行うときは，その作業の指揮者を定め前条の作業計画に基づき作業の指揮を行わせなければならない。

第151条の7（接触の防止）

事業者は，フォークリフト等の車両系荷役運搬機械等を用いて作業を行うときは，運転中の車両系荷役運搬機械等又はその荷に接触することにより労働者に危険が生ずるおそれのある箇所に労働者を立ち入らせてはならない。ただし，誘導者を配置し，その者に当該車両系荷役運搬機械等を誘導させるときは，この限りでない。

はさまれ・巻き込まれ災害

事例10 オーダーピッキングフォークリフトで保管棚から荷を搬出中，操作盤と棚材との間にはさまれる

1　事業場　：　貨物取扱業

2　被　害　：　死亡

3　あらまし

　この災害は，倉庫の委託管理を請け負うA社の管理倉庫中でオーダーピッキングフォークリフトを使用して段ボール箱を搬出する作業中に発生したものである。

　一人で作業していた被災者は，オーダーピッキングフォークリフトの運転席に立った状態で操作盤とラックの棚材との間に後ろ向きにはさまれて意識を失っている状態で発見された。

4　原　因

　倉庫に保管されている荷の在庫の状況，当日の作業量に見合った必要な人員の手当て等を行わないまま，コンピュータによる荷の搬出の作業指示を行ったこと。使用していたオーダーピッキングフォークリフトは，フォークの上に設けられた運転席に後ろ向きに立ったまま操作する方式のものであり，運転者が後方の荷等との接触によって危害を受けるおそれがあったのに，その防護措置がなかった。

　また，荷の保管棚であるラックは，床の上に3段に組み立てられたものであるが，フォークリフトが回転した場合にフォークがラックの下に入り込む構造になっていたため，運転者とラックの棚材とが接触した。

　さらに，倉庫内においてフォークリフト作業を安全に行うためのマニュアルが策定されておらず，また，災害防止のための安全教育も十分に実施していなかったこと。

5　対　策

①　毎日の作業開始前に，在庫数，取扱い荷の数，必要な人員および機械，作業指揮者の選任等を含めた作業計画（246ページの例参照）を作成すること。

②　オーダーピッキングフォークリフトの運転席に接触による危害防止のためのガード等を取り付けること。

③　荷の保管用ラックをその下部にフォークが入らないような構造に改善するとともに，回転が安全に行える通路の確保を行うこと。

④　オーダーピッキングフォークリフトを使用する作業についてマニュアルを定め，関係作業者に周知徹底すること。

⑤　安全管理体制を整備し，管理する倉庫ごとに安全責任者を選任し，安全衛生教育，安全点検等を実施するなど安全管理を徹底すること。

関係法令（要旨）

＝労働安全衛生法＝

第20条（事業者の講ずべき措置等）

　事業者は，機械等による危険を防止するため必要な措置を講じなければならない。

＝労働安全衛生規則＝

第151条の3（作業計画）

　事業者は，車両系荷役運搬機械等を用いて作業を行うときは，当該作業に係る場所の広さ，地形，荷の種類等に適応する作業計画（整理・整頓・清掃を含む）を定め，その作業計画により作業を行わなければならない。また，定められた作業計画を関係労働者に周知させなければならない。

第151条の4（作業指揮者）

　事業者は，フォークリフト等の車両系荷役運搬機械等を用いて作業を行うときは，その作業の指揮者を定め前条の作業計画に基づき作業の指揮を行わせなければならない。

第151条の7（接触の防止）

　事業者は，フォークリフト等の車両系荷役運搬機械等を用いて作業を行うときは，運転中の車両系荷役運搬機械等又はその荷に接触することにより労働者に危険が生ずるおそれのある箇所に労働者を立ち入らせてはならない。ただし，誘導者を配置し，その者に当該車両系荷役運搬機械等を誘導させるときは，この限りでない。

はさまれ・巻き込まれ災害

事例 11　マストクロスメンバーとヘッドガードに頭部をはさまれる

1　事 業 場　：　貨物取扱業

2　被　　害　：　死亡

3　あらまし

　被災者は，トラックの荷台の積荷を，荷台の上にフォークリフトで持ち上げたパレットの上に載せ終え，荷台からフォークリフトの運転席に移動する際，一旦地上に降りることなく，直接荷台からフォークリフトのマストと車体の間を通って運転席に移動した。その際，誤ってティルトレバーとリフトレバーに触れ，後傾してきたマストのマストクロスメンバーとヘッドガードに頭部をはさまれた。

　マストと車体の間は，積荷をパレットに載せ，移動準備を整えた段階で約 50 cm の間隔があり，人が横向きに入ることは十分可能であった。また，災害発生時，積荷はパレット上に載せられており，あとは運転席に移動して，フォークリフトのフォークを下降させる状態となっていた。

4　原　　因

　被災者が，トラックの荷台からフォークリフトの運転席へ移動する際，フォークリフトのキースイッチをオンにしたまま，行動を省略し，マストと車体の間を通ろうとしたこと。フォークリフト作業について，作業計画が作成されておらず，作業方法については作業者任せになっていたこと。

5 対　策

①　フォークリフト作業について，フォークリフト作業計画（246 ページの例参照）を作成すること。

②　マストとヘッドガードにはさまれる災害を防止するため，フォークリフトのマストと車体の間等の危険箇所には立ち入らせないようにすること。

③　フォークリフトの運転席を離れる際は，原動機を止めること。

④　配送先でフォークリフトによる荷役作業を行わせる場合は，事前に当該フォークリフトの使用，検査等の法規制の順守状況を確認し，労働者に対して安全教育を行うこと。

⑤　配送先においても，陸運事業者の労働者にフォークリフトを使用した荷役作業を行わせる場合は，陸上貨物運送事業における荷役作業の安全対策のガイドライン（204 ページ参照）に基づき，安全管理者の中から荷役作業の担当者を指名し，陸運事業者と連携した荷役作業の労働災害防止対策に関する事項を行うこと。

関係法令（要旨）

＝労働安全衛生法＝
第 20 条（事業者の講ずべき措置等）
　事業者は，機械等による危険を防止するため必要な措置を講じなければならない。
＝労働安全衛生規則＝
第 151 条の 3（作業計画）
　事業者は，車両系荷役運搬機械等を用いて作業を行うときは，当該作業に係る場所の広さ，地形，荷の種類等に適応する作業計画（整理・整頓・清掃を含む）を定め，その作業計画により作業を行わなければならない。また，定められた作業計画を関係労働者に周知させなければならない。

第 151 条の 11（運転位置から離れる場合の措置）
　事業者は，フォークリフト等の車両系荷役運搬機械等の運転者が運転位置から離れるときは，当該運転者に次の措置を講じさせなければならない。
1　フォーク，ショベル等の荷役装置を最低降下位置に置くこと。
2　原動機を止め，かつ，停止の状態を保持するためのブレーキを確実にかける等の車両系荷役運搬機械等の逸走を防止する防止する措置を講ずること。
②　前項の運転者は，車両系荷役運搬機械等の運転位置から離れるときは，同項各号に掲げる措置を講じなければならない。

はさまれ・巻き込まれ災害

事例12　リーチフォークリフトと鉄製ラックの間にはさまれる

1　事業場　：　倉庫業

2　被　害　：　不明

3　あらまし

　本災害は，製品出荷のため，鉄製ラック間の狭い場所でリーチフォークリフトを用いた運搬作業を行っていた被災者が，リーチフォークリフトとラックの間にはさまれたものである。

　災害発生当日，被災者は，同僚Ａとパレット上にラップで梱包された製品を2台のリーチフォークリフトを用いて，倉庫からプラットホームへ運搬する作業を行った。

　リーチフォークリフトは，最大荷重 0.8ｔ，運転席に立って乗る方式で，リーチ部を収納した時の全長は 1.8ｍ，運転操作盤およびヘッドガードの高さは，それぞれ1.25ｍ，2.05ｍであった。また，ヘッドガードは，運転操作盤前部の支柱2本により支持されており，運転席後部には，支柱等はなかった。また，ラック間の通路の幅は2.8ｍで，ラックの1段目の棚板の高さは 1.4ｍで，リーチフォークリフトの運転操作盤より 15cm 高くなっていた。

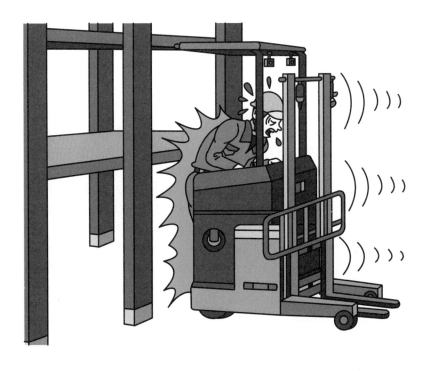

被災者は，方向転換のためリーチフォークリフトを後退させた際に，後退させ過ぎて，ラックの棚板と運転席操作盤の間にはさまれたものと推定される。

なお，本作業については，作業計画として，運搬経路は定められていたが，荷役，方向転換等の作業方法は，具体的に定められていなかった。また，被災者は，フォークリフト運転技能講習を修了していた。

4 原 因

鉄製ラックの棚板の高さがリーチフォークリフトの運転操作盤より高いため，運転操作盤が棚板の下側に入ってしまったこと。

ラック間の通路の幅が狭く，余裕をもってリーチフォークリフトの方向転換ができなかったこと。

作業計画として，荷役，方向転換等の作業方法が具体的に定められていなかったこと。

5 対 策

① 鉄製ラックの棚板の高さをリーチフォークリフトの運転操作盤の高さより低くし，運転操作盤が棚板の下側に入らないような構造とすること。

② ラックを移動させる等により，ラック間の通路の幅を広くし，余裕をもってリーチフォークリフトの方向転換ができるようにすること。

③ 作業場所の広さ，使用するフォークリフト，荷の形状等に適応する作業計画（246ページの例参照）を具体的に定め，作業者に徹底すること。

関係法令（要旨）

＝労働安全衛生法＝
第20条（事業者の講ずべき措置等）
　事業者は，機械等による危険を防止するため必要な措置を講じなければならない。
＝労働安全衛生規則＝
第151条の3（作業計画）
　事業者は，車両系荷役運搬機械等を用いて作業を行うときは，当該作業に係る場所の広さ，地形，荷の種類等に適応する作業計画（整理・整頓・清掃を含む）を定め，その作業計画により作業を行わなければならない。また，定められた作業計画を関係労働者に周知させなければならない。

参考資料 4 フォークリフトによる作業計画（例）

作成年月日	○○○○年○月○日（○）	計画作成者	○○○○
作業名	木箱のトラック積込み作業	作業指揮者	○○○○
作業実施日時	○○○○年○月○日(○) ○○時○○分〜○○○○年○月○日(○) ○○時○○分		

荷	品名	荷姿	個数	1個の重量	備考
	精密機械	木箱	トラック1台に3個	1トン	

使用するフォークリフトおよび従事者	車両番号	能力	運転者	誘導者	備考
	L01ー5523	2トン	○○○○	なし	

フォークリフトの運行経路

立入・走行・禁止箇所

1 設定なし
②設定あり（具体的に記載）

‥‥‥内はフォークリフト走行通路およびトラック積込み場所につき作業者は立入禁止。運転者は運転席かトラックボディ上の安全な場所で待機

－・－・－ 倉庫内は作業指揮者およびフォークリフト運転者（乗車中）のみ立入許可。他の作業者は立入禁止

積付けまたは積おろしの方法	フォークリフトによるトラック積込み作業
適用する安全作業マニュアル、作業手順等	フォークリフト運転者は作業手順書No.4の作業手順を適用すること。

参考資料
5 運転上の安全の心得

(1) 安全管理

図1　作業計画，緊急連絡方法，注意事項，
　　　禁止事項等規定を作成し遵守しよう。

図2　通行区分を明確にして注意標識（カン
　　　バン）等を設置しよう。

(2) 作業の前の注意

図3　トラックの積おろし作業等がないプ
　　　ラットホームには，転落防止のため「幅
　　　木等」を設置しよう。

図4　運転は，資格をもち指名されている人
　　　だけに限ること。

図5　正しい服装や安全用保護具（保護帽，
　　　安全靴等）の着用を怠らないようにし
　　　よう。

図6　作業の前に，作業開始前点検（運行前
　　　点検）を実施し，異常箇所は補修して作
　　　業にとりかかろう。

図7　燃料補給時やバッテリーの充電時は，火気を近付けてはならない。

図8　バッテリーの充電時は，水素ガスが発生するので，十分に換気を行う。

図9　乗り降りは，手すりやタラップを利用し，必ず左側（リーチ形は後）から行おう。

図10　右側には手すりはなく，荷役レバーや前後進レバー等があるので，乗り降りは危険である。

図11　シートベルトが装備されている車両では必ず着用しよう。

図12　エンジン始動時は，前後進レバーが中立位置か，駐車ブレーキが利いているかなど，安全を確認しよう。

図13　OKモニターのランプ切れがないか,始動スイッチを［ON］にし,チェックランプスイッチを押して確認する。

図14　クロスビームに手をかけて荷をいじってはならない。手をかけたままマストを下げると手をはさまれるおそれがある。

図15　運転席から身を乗り出し荷をいじってはならない。荷役レバーに接触し,マストにはさまれるおそれがある。

図16　フォークリフトの周囲に人や障害物がないか確認し,ホーンなどで合図してからゆっくりと発進する。

図17　発進後,ブレーキの利き具合を確認してから作業にとりかかろう。

図18　荷が確実に積付けされていることを確認してから発進しよう。

(3)　走行運転上の注意

図19　脇見運転は事故のもと。正しい運転
　　　姿勢を守ろう。

図20　手や足を車外に出して運転してはな
　　　らない。

図21　狭い場所では，走行に必要な高さや
　　　幅があるか確認する。

図22　前方視界が悪いときは，後進走行す
　　　るか，誘導者を付けて走行する。

図23　長尺物や大きな荷を運搬する時は，誘
　　　導者を付けて，ゆっくり走行しよう。

図24　工場内や屋内でも制限速度を決め，安
　　　全運転を心掛ける。

図25　荷を積んで降坂するときは，後進走行すること。坂道を横切ることや，坂道での旋回をしてはならない。荷の落下や車両転倒の危険性が高まる。

図26　夜間は，特に安全な速度で，前照灯や後照灯を利用して走行する。

図27　フォークやパレット上に人を乗せてはならない。

図28　フォークを高く上げたり，荷を高く積んでの走行は，転倒や建物への接触のおそれがあり危険。フォークは床面（地面）から約15〜20 cmの高さに保ち，マストを後傾させること。

図29　リーチフォークリフトでは，フォークを手前に引いて走行する。

図30　フォークリフトは，後部が思いのほか大きく振れるので，曲がろうとする外側の余裕を十分にとること。

図31 急旋回・急ブレーキは，荷を放り出すおそれがあり危険。

図32 急旋回は車両転倒事故のもと。

図33 エンジン車を倉庫や囲まれた場所で使用する場合は，十分に換気を行うこと。

（4）駐停車時の注意

図34 駐車ブレーキを確実にかけて，フォーク先端を床面（地面）に降ろし，決められた場所に駐車する。キーを忘れずに抜いて，キーは保管箱にしまうこと。駐車する所は平地にし，前後進レバーを中立にしたうえで，さらに安全のため輪止めをかける。

(5) 荷役作業時の注意

図35　パレットに対するフォークの間隔に
　　　注意する。片積みや間隔が狭すぎるの
　　　は危険。

図36　許容荷重以上に荷を積むのは厳禁。荷
　　　重表をよく見て安全な荷積みをしよう。

(6) その他

図37　フォークの先で荷をこじらない。無
　　　理な力が掛かりフォーク破損のおそれ
　　　がある。

図38　フォークや荷の下に人を立ち入らせ
　　　てはならない。

図39　マストの高さを超えて荷を積んではな
　　　らない（マストの後方に荷が落下するこ
　　　とにより労働者に危険を及ぼすおそれの
　　　ないときは除く）。

図40　荷上げしたフォークから直接荷を受
　　　け取ってはならない。

図41 公道は，道路運送車両法の保安基準に合致した車両でないと走行できない。なお市町村役場で発行される課税標識は，公道走行の可否とは直接関係がなく，ナンバープレート（自動車登録番号標）と誤認しないように注意しなければならない。

図42 保安基準に合致した車両でも，公道では荷を積載しての走行はできない（運輸省（現国土交通省）通達　昭和30年6月20日自車第331号）。

図43 道路使用許可を受けている場合以外は，公道での荷役作業はできない（道路交通法第77条）。

図44 ドローバーピンは当該車両のトラック等への積込みや緊急脱出用であり，けん引および被けん引には使用できない。

図45 回転灯を搭載しての公道走行は「道路運送車両の保安基準」（国土交通省）により違反であり，禁止されている。

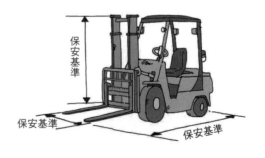

図46 保安基準を超える改造および不適合となる改造は行ってはならない。

索　引

さ・サ

■**写真提供**（50 音順）

株式会社 小松製作所

住友ナコフォークリフト株式会社

株式会社豊田自動織機

三菱ロジスネクスト株式会社

フォークリフト運転士テキスト

平成 23 年 3 月 29 日	第 1 版第 1 刷発行
平成 23 年 11 月 7 日	第 2 版第 1 刷発行
平成 29 年 2 月 17 日	第 3 版第 1 刷発行
令和 2 年 2 月 28 日	第 4 版第 1 刷発行
令和 6 年 7 月 22 日	第12刷発行

編　　者　中央労働災害防止協会
発 行 者　平　山　　剛
発 行 所　中央労働災害防止協会
〒108-0023
東京都港区芝浦 3 丁目 17 番 12 号
吾妻ビル 9 階
電話　販売 03（3452）6401
編集 03（3452）6209
印刷・製本　新日本印刷株式会社